厨之道 1001 例系列丛书

大众宴客菜

1001 例

国家考评员
中国烹饪大师
甘智荣 主编

U0212805

重庆出版集团 重庆出版社

图书在版编目（CIP）数据

大众宴客菜1001例/甘智荣主编.—重庆:重庆出版社,
2015.1(2015.6重印)
ISBN 978-7-229-09172-9

Ⅰ.①大… Ⅱ.①甘… Ⅲ.①菜谱－中国 Ⅳ.
①TS972.182

中国版本图书馆CIP数据核字(2014)第304036号

大众宴客菜1001例
DAZHONG YANKECAI 1001 LI

甘智荣　主编

出　版　人：罗小卫
责任编辑：张立武
特约编辑：朱小芳
责任校对：李小君
装帧设计：金版文化·吴展新

重庆出版集团
重庆出版社　出版

重庆市南岸区南滨路162号1幢　邮政编码：400061　http://www.cqph.com
深圳市雅佳图印刷有限公司印刷
重庆出版集团图书发行有限公司发行
E-MAIL:fxchu@cqph.com　邮购电话：023-61520646
全国新华书店经销

开本：720mm×1016mm　1/16　印张：16　字数：300千
2015年3月第1版　2015年6月第2次印刷
ISBN 978-7-229-09172-9

定价：29.80元

如有印装质量问题，请向本集团图书发行有限公司调换：023-61520678

随着生活节奏日益加快、生活水平大幅提高，工作和娱乐占据了人们更多的时间，快捷的方便食品正在悄然入侵，甚至取代了家庭厨房，成为相伴人们的一日三餐。即使逢年过节、家庭聚会或亲友团聚，人们也是懒得下厨，或因厨艺不精羞于献丑而习惯于在大雅之堂设筵庆祝，菜品搭配过于追求丰盛，因而造成营养过剩、危及健康，且浪费之大，让人感慨不已。

据世界卫生组织调查发现，由于不健康的生活习惯滋生的"富贵病"（因长期营养过剩导致的肥胖症、"三高"、脂肪肝等）正逐渐成为人类健康的致命"杀手"；长此以往，不仅会有损身心，还使亲人、朋友之间逐渐疏远，影响家庭幸福和社会和谐。众多营养师也在不同场合建议，应远离方便食品，日常饮食应力求新鲜、荤素合理搭配、营养均衡，才能永葆身心健康。

鉴于以上种种，我们策划了这套"厨之道1001例"系列丛书。套书的宗旨在于：打造家庭大厨，提高烹饪手艺，体验为家人、朋友精心调制佳肴的乐趣，让忙碌的现代人以更健康的身心去享受美好的生活。

这套丛书包括《营养蔬果汁1001例》《营养美味的1001例家常靓汤》《大厨不外传的1001例烹饪秘籍》《大众宴客菜1001例》《日常饮食宜忌速查1001例》五个分册。集食材选取、烹调技巧、营养搭配、日常饮食中宜忌常识、庆典宴客妙招于一炉，内容翔实、图片精美，更有中华烹饪大师、营养师甘智荣和我国著名保健医师胡维勤教授提供的大厨锦囊和营养建议，让喜爱厨艺的人们成

为进得厅堂、入得厨房的家庭掌厨兼"美食达人"。

此外，本套系列丛书还配有近千道菜或知识点的二维码，直接链接大厨烹饪高清视频，只需打开手机扫一扫，就能立即欣赏大厨的精湛厨艺全过程，方便快捷。我们有理由相信，这套集现代技术与传统烹饪秘籍、营养秘方于一体的图书，将为你开启家庭厨房新时代。

最后，祝愿每一位热爱美味、关心健康的朋友，能有幸读到这套"厨之道1001例"系列丛书，让自己或亲友在大厨和营养师的指点下，提高烹饪技巧，掌握更多的养生常识。在工作之余，为亲友张罗一桌热气腾腾的营养大餐，这不仅能让你在人际交往中获得更多的加分点赞，而且传承了"吃好不浪费"的优良美德。

❝宴客文化❞在崇尚礼仪的中国古已有之。《礼记·礼运》有云："夫礼之初，始诸饮食。"饮食文化的发展在春秋时期便已相当完善，并得到传承，成为文明时代的重要行为规范；而且经历数千年流传，各朝各代又自有其独特风格，甚至每个地域和民族也有自己的特色。

博大精深的宴客文化不只注重礼仪，对菜式及味道也很讲究。我国历史上著名的满汉全席、孔府宴、全鸭宴、文会宴、烧尾宴等五大名宴就是例证。不少色香味俱全的名菜，如"佛跳墙"等也成了名宴的点睛之笔，伴随着古人的宴席礼仪和人文典故流传至今。

然而到了物质文明发达的现代，"宴客文化"却演变成过度追求高大上、崇尚奢华的代名词。即使亲朋好友聚会也首选"下馆子"，而不是自己在家张罗。近年来，国家倡导节俭，破除浪费陋习，号召全民传承礼尚节俭的优良美德。由此，本书也将以崇尚礼仪和美味、鼓励家宴、注重营养搭配为宗旨。

在内容上，本书包括中国宴客文化、前菜、汤品、主菜、主食以及各种庆典宴席推荐套餐等等。每一道菜肴都有精致的成品图作参考，还附带解说，包括材料、调料、做法三部分，便于参照学习。

本书有三大特色：第一，实用性。本书重在传承中国历史悠久的宴客文化，不仅包含历史上有名的宴席和菜品典故、做法，还有实用的点菜技巧、南北通吃的家庭聚会菜品搭配、重点时节庆典盛宴菜品搭配等等。第二，权威性。本书提供权威专家的"大厨锦囊"，将每道菜做法的关键窍门和养生功效融合于一体，这也是本书的精华所在。第三，时尚性。除时尚的装帧设计、高清大图之外，不少菜品还会附上二维码，便于同步观看大厨烹饪的高清视频，提高学习效率。

总之，从编写、拍视频到出版，整个团队都非常认真，但仍难免有疏漏之处，还请读者批评指正，希望在修订中不断完善。

CONTENTS 目录

PART1

底蕴深厚的中国『宴客菜』文化

PART2

前菜

PART3

汤品

PART4

主菜

PART5

主食

PART6 推荐套餐

底蕴深厚的中国「宴客菜」文化

PART1

中国的宴客菜，在中国饮食文化上占有重要的位置。宴客菜代表着一种饮食方式、一种感情牵系，更是一种温情的传承。本章将从中国古色古香的宴客菜出发，让您领略各有风情的宴席文化，来一次视觉与味觉上的双重享受！

什么是"宴客菜"

在中国，"宴客文化"也算是很重要的一种礼仪文化，随之而来的"宴客菜"就成了社交场合中极其重要的一环。

在中国，"宴席"是多人聚餐活动时食用的成套肴馔及其盘饰台面的一种统称。宴客菜，强调的是各式菜品之间的艺术组合。尽管人们是为了某种社交目的而准备菜品、酒水，但开展宴席，在一定程度上也是礼仪的一种表现形式。

一桌完整的"宴客菜"，必须有酒有菜、有饭有点、有水果有饮料，在呈现给客人的时候，能够既丰盛又精美。

从古至今，就有"民以食为天"一说，我们不难看出，在"吃、穿、住、行"四方面，吃总是被放在一个至关重要的位置。人们关注饮食，也重视饮食，甚至将它居于生活之首。在较早的饮食观念中，也许仅仅追求"吃得饱"，对于菜式、味道、饮食文化并没有更多的讲究。但是随着人类社会的发展进步，生活水平的提高，饮食交际也逐渐成为了现代人常见的社交活动，在餐桌上享受美味的同时，人们又可以交流工作，促进合作，交流生活，增进感情。对于饮食的要求，也不仅是能够吃饱，还要吃好、吃健康、吃美味。

生活品质的提高，促使人们在享受美食的同时再不仅仅局限于口感、视觉，而更注重一种聚会的温情，追求一种幸福的感觉。宴席和"宴客菜"，作为促进交流的纽带，也逐渐扮演着越来越重要的角色。

大部分人可能会认为"宴客菜"就是我们家里一日三餐的家常小菜，其实不然，"宴客菜"是一系列经过专门的设计和烹制的宴会菜肴。

一次宴客菜席可分成六部分，包括前菜、汤品、主菜、主食、甜点、饮品以及其他的推荐套餐组合，上菜也有一定顺序，先冷后热，先咸后甜，先荤后素，先上质优菜肴，再上一般菜肴，先上菜式，后上点心，先上酒菜，后上饭菜，循序渐进。

"宴客菜"最大的特点就在于用料丰盛健康、宴客气派大方，包括山珍海味、蔬果点心、美酒佳肴，融合了各种经典的美食。如今每逢佳节，亲友团聚、聚餐，到处均可见"宴客菜"的身影，它已然成为人们生活中必不可少的一部分。

如何做好一桌"宴客菜"

一桌"宴客菜"的质量好坏，也多少影响了一次宴会的成功与否，可见其重要性。同样，如何做好或订好一桌"宴客菜"，也是展现社交礼仪的重要表现。

前期准备

做好一桌"宴客菜"，前期准备工作是关键。最好能够做好笔记，将置办的宴席有条不紊地一一写下，避免在准备过程中措手不及、毫无头绪。此外，如果是家宴，掌握烹饪技巧更是至为重要，它能够使你在任何时候面对各种菜式都游刃有余；如果是酒店订席，也应有充足准备和一份完美的菜单。

确定宴席的主题

宴席的主题往往决定了这场聚会的风格，甚至还影响你对菜式和烹饪方式的选择和决定。宴席的目的是确定宴席主题的关键因素，比如，是生日聚会抑或是乔迁之喜、工作晋升、节日庆祝等等。

另一方面，宴席邀请的对象也是考虑宴席主题的重要方面，年轻人可能会更加青睐自由的聚会气氛、鲜艳的色彩、独特的造型、较为新颖的食品，而对于年长的客人，高大上的就餐环境、精致美味的菜品及美酒、质感较好的餐具则更为恰当。

菜品设计

菜品的设计是宴席的重要环节。宴席中的菜品讲究荤素搭配、冷热俱全。如果是常见的家庭宴席，主人除了准备拿手菜式之外，还可以自创几道新式菜品，当然，餐后的精美甜品更能在正餐后给客人们留下美好的记忆，让宴席完满无缺。

烹饪技术

烹饪技术决定着菜式的品质，凉菜、热菜、汤羹、主食，每一种菜肴都要求烹饪者具备娴熟的技术。因此，一桌丰盛宴席对技术也有很高的要求。

宴席的分类有哪些

根据目的的不同，宴席可分为很多种；当然，也有根据形式、内容、规模、举办地点等划分的宴席种类。形式多样的宴席逐渐发展出闻名的"宴客文化"。

宴席通常是以祝贺、喜庆、欢迎、饯行、答谢等为目的而展开的。这种越来越受到社会重视的餐饮活动，根据进餐标准、服务水平、内容和形式、规模、目的、主办人身份的不同，宴席与宴席之间也是存在差异的，因此自然就形成了分类。

根据进餐标准和服务水平的差异，宴席可以分为高档、中档和一般。

按内容和形式的不同，我们又能将其分为中餐、西餐、冷餐、鸡尾酒、茶话会等风格各异的宴席。

按规模可以分为大型、中型和小型的宴席，大型一般是指200人以上的宴席，中型指的是100～200人的宴席，小型则是100人以下的宴席。

按目的又能够分为欢迎、答谢、饯行、庆祝等宴会。如果是按照主办人身份的不同划分宴席，则能够将其分为国宴、正式和非正式宴席、家庭宴席等。

在中国，正式宴席是十分重视身份和礼仪的宴席，通常是政府或相关社会团体为欢迎来访宾客而举办。

便宴，多用于招待熟悉的朋友，不属于十分正式的宴席，宾主之间随意而亲切，规模较小，形式也比较简便，但是注重礼节礼貌。

家宴，是宴席中最常见的形式，也是人们接触得最频繁的宴席类型，这是在家中进行私人的宴请，一般人数比较少，不讲究严格的礼仪，由家庭成员厨艺高超者下厨烹饪，宾主之间气氛活跃轻松。

素食宴席，又称为斋宴，起源于宗教寺庙，以豆制品、蔬菜、笋等为主要原料，烹饪各种类似荤食的菜肴。

与素食宴席相对应的有清真宴席，即以羊肉、牛肉、鸡鸭肉为主要原料，忌用猪肉和猪油。

中式宴席菜品分类及上菜顺序的介绍

> 中式宴席指中国传统的聚餐形式，根据中国人饮食习惯，使用中国餐具、饮中国酒、吃中国菜，遵循中国传统习俗和礼仪文化，体现浓厚的中式 "宴客文化"。

中式宴席的菜品繁多，主要包括冷菜、热菜、甜菜、素菜、汤菜、主食和点心。

冷菜，又称前菜，一般选择小巧精致的菜肴，主要以唤醒味蕾、诱发食欲为目的。

热菜是宴席中的 "重头戏"。在宴席中一般都要突出热菜，而在热菜中则要特别突出大菜，在大菜中又得尤其突出头菜。宴席中热菜的上菜顺序，一般是遵循 "质优的先上，一般的后上；味道较淡的先上，味道较浓的后上" 的原则。

热菜的第一个菜式通常是热炒。这道菜肴主要起到过渡冷碟和大菜的作用。热菜最大的特点就是味美色艳、鲜热爽口，将食材进行炸、熘、爆、炒等，制成脆美爽口的菜品。

热菜过后就是头菜。头菜可谓是热菜中的重中之重，排在所有的大菜之前，是整桌宴席中名气最大、质量最好、价格最贵的菜式。头菜选用的原料多是山珍海味及其精华部分，一般都被置于大型餐具中，大气丰满，造型讲究。

继头菜之后，就是热菜中第二重要的大菜了。鱼虾、畜肉、蛋奶、山珍海味等都可以是组成大菜的原始食材。但要注意，大菜中荤素搭配的档次一定不可以超过头菜；同时还要避免菜式的重复，但是数量可以不受限制。

甜菜，就是包括了甜汤、甜羹等一切甜味的菜式。甜菜通常的做法有拔丝、蜜汁、煎炸、冰镇、糖水、烩制等多种。在宴席中，甜菜能调节口味、改善营养。

宴客菜也要讲究 "荤素搭配"，因此，素菜也是宴席中必不可少的一部分。素菜常见的食材有各种时令蔬菜、豆类、菌类等，可以弥补肉菜中不能补充到的营养，起到去腻解酒、增进食欲、促进消化等作用。

汤菜的种类繁多，包括首汤、二汤、中汤、座汤和饭汤，根据出现的顺序和原料的选用，分别搭配不同的菜。

宴客菜中的主食以面食和米饭为主，较少使用粥品。主食主要是用于补充糖类为主的营养素，使宴席的营养结构平衡。

点心可穿插在大菜中间上菜。点心比较注重款式和档次，同时也讲究造型和器具，制作的要求是少而精。一道点心的制作有时花费的时间和精力可能比主菜还多，是非常考验大厨水平的菜品。

"四大菜系"和"八大菜系"

中华菜系中常说的"四大菜系"和"八大菜系"指的是什么？各有什么特色？这里做一简单介绍，以备后文介绍相关菜品。

四大菜系

"四大菜系"主要指鲁菜、川菜、淮扬菜、粤菜。

鲁菜以山东菜为主，又分为济宁、济南、胶东菜。鲁菜注重鲜、香、脆、嫩，擅长调制清汤、奶汤，名菜有烤大虾、九转大肠、葱爆海参、奶汤鲫鱼等。

川菜以成都风味为主，也包括重庆、乐山、自贡等地方风味，以"清鲜醇浓、麻辣辛香、一菜一格、百菜百味"而著称，名菜有宫保鸡丁、盐煎肉等。

淮扬菜即苏菜，由"淮扬"一带的扬州、淮河，"江宁"一带的镇江、南京，"苏锡"一带的苏州、无锡，"徐海"一带的徐州、连云港四大部分组成，特点是四季有别、选料严谨、因材施艺。著名的宴客菜式有清炖狮子头、松鼠桂鱼、叫花鸡、盐水鸭等。

粤菜以广州菜、潮州菜、东江菜为主，各式菜肴中讲究鲜、嫩、滑、爽，以煎、灼、焖等技艺见长，配合蚝油、沙茶酱、红醋、海鲜酱油等烹制，讲究鲜味的保留。

八大菜系

八大菜系中除了上述"四大菜系"外，还有湘菜、浙菜、闽菜、徽菜四种。

湘菜，主要是湘江流域、洞庭湖地区和湘西地区三个地方的风味菜，口味注重辣、酸、香、鲜、软、脆，代表菜式有麻辣仔鸡、红烧肉、剁椒鱼头等。

浙菜，由宁波菜、杭州菜、绍兴菜组成。主要的宴席代表菜式有西湖醋鱼、龙井虾仁、绍兴醉虾、冰糖甲鱼等。

闽菜，由福州、厦门、闽西三个地方的菜式组成，在制作中，讲究调味的新鲜，刀工的娴熟，口味上各有偏差，福州菜偏酸甜，闽西菜偏浓香，闽南菜大多香辣，著名的宴客菜式如"佛跳墙"。

徽菜，由徽州、沿江、沿淮三个地方菜式组成，而且以烹饪山珍海味而著称，主要的代表菜式有红烧果子狸、腌鲜鳜鱼、火腿炖甲鱼等。

南北菜系的差异

中国以 "秦岭—淮河" 为界，区分南北。南北差异除了地形、环境、气候，还逐渐延伸至饮食、生活习惯等方面，接下来就将探讨一下关于南北菜系的差异。

要说南北菜系的差异，还得先从各自饮食习惯的差异入手。

南方人主食米饭，而北方人喜面食，这与南北方的农业生产结构不同有关。我国南方气候高温多雨、耕地以水田为主，当地的农民因地制宜，于是种植生长习性喜高温多雨的水稻；而我国北方降水量较少，气温较低，耕地多为旱地，适合喜干耐寒的小麦生长。长此以往，便形成了 "南米北面" 的饮食习惯。

南北饮食上的差异以地区加以区分，历经数代传承与发展，久而久之便形成了特色各异的饮食文化，进而衍生出不同的菜系。南方菜系优势明显，有广东的粤菜、四川的川菜、湖南的湘菜、江浙的杭帮菜等；北方菜系则有山东的鲁菜、东北地区的东北菜等。

从菜系的总体特点看，南方菜系讲究的是精细，而北方菜系体现的是粗犷。

从菜量来看，南方多数是小而精，北方是多而粗。

南方菜系，多以精致、细微见长，并格外讲究情致，最大的特点就是选料讲究。南方山水清秀、色彩丰富，故南方人的美学理念多以柔和、淡雅见长，相应的，南方菜系自然也打上了这一鲜明的地域烙印。南方菜系不仅色香味俱全；而且用于盛菜的器具从形状、摆设等细节看，也都格外精细；再加上格外讲究就餐环境，便使得南方菜系出品的佳肴总能赏心悦目。而就烹饪方法来讲，无论是烤、焖、蒸、炖，还是炙、熘、炒、拌，南方人都有一套繁杂且讲究的程序，追求的鲜、嫩、香、滑，以求满足味蕾的各类微妙体验。

相对而言，北方菜系则以色艳、味重取胜，最大特点便是就地取材，讲究火候。虽然北方菜系用于做菜的原料可能没有南方菜系的那般丰富，装饰上也没有太多花样，但却实在、量足、管饱，十分讲究真材实料，即便是极其普通的食材，在北方厨师的勺中，也能做出与众不同的味道来。在用料、刀工和花色上，北方人可能很难与南方人比精细；但唯独火候，北方人绝对有资本和信心能拔得头筹，如北京全聚德的烤鸭、东来顺的涮肉等，都非常讲究烧烤的用料和烤工。与南方人挖空心思琢磨用料相比，北方人更注重 "物尽其用、功尽其效"。

宴客时的四个点菜技巧

宴客的学问还在于点菜技巧上，懂得怎样挑选食材、拟定菜量等。这些都是非常重要的点菜常识。以下将重点介绍四个常用的点菜技巧，以便学习参考。

清淡的菜原料更新鲜

很多人到饭店愿意点"下饭"的重口味菜，有时选对了食材却忽略了做法。其实，一桌有一两个重口味菜品即可，其余应搭配口感清爽的菜品，这样不至于令味蕾过分疲惫。而且浓味烹调往往会遮盖原料的不新鲜气味和较为低劣的质感。因此，吃鱼最好选择清蒸，蔬菜选择凉拌或清炒，肉类选择清炖，海鲜选择白灼。

点菜不要太好"色"

好吃的菜不一定好看，同样的道理，好看的菜也不一定好吃。有些饭馆在炒肉菜时，为了使成品好看、诱人，会对肉制品进行"润色"，使用亚硝酸盐等染色剂来腌渍肉类，这样炒出来的肉质鲜嫩，极具诱惑力。但按常理来说，像炒牛肉丝本应是褐色的，炒猪里脊肉丝就该是灰白色的，即便用酱油把肉染成红色，也只能是红褐的酱色。而用了染色剂做成的菜，颜色往往过于鲜红。为了避免给身体带来不好的影响，建议还是少吃这类"有色"菜为妙。

凉菜多让素菜唱"主角"

很多人在吃凉菜时，习惯性会点类似酱牛肉、千层脆耳等荤菜类凉菜来开胃，一不小心吃多了，就会影响之后的用餐食欲。

相反，如果选一些清爽可口的素食凉菜，能帮助平衡主菜中过多的油脂和蛋白质，还能保证一餐中的膳食纤维和钾、镁元素的摄入量，对促进食欲大有帮助。像生拌、蘸酱一类的蔬菜，以及淀粉含量高的凉菜，如蕨根粉、山药等，都是不错的选择。

蒸煮炖拌为主，煎炸干锅为辅

蒸、煮、炖、拌，通常更能保住食材营养的烹调方式，成菜的脂肪含量和卡路里也低很多。因此，点菜时可以适当多增加这几类菜例。

至于带有煎、炸、干锅等字样的菜肴，则应作为辅菜，尽量少点，或只点一至两种。特别是干煸类的菜，传统方法是用少量的油长时间煸炒，但现在大部分饭馆为了省事，直接用大量的油来炸，不但使维生素损失殆尽，蛋白质、淀粉、脂肪等营养素也都被破坏，甚至还会产生致癌物，建议少吃。

"满汉全席" 都有哪些菜式

> "满汉全席"由来已久，代表了中华菜系中品类最多的一种宴客菜，风格典雅，礼仪严谨，能让人深切感受并体会到中华烹饪的精华之所在。

"满汉全席"代表了中华菜系的最高境界，是中国饮食文化中的瑰宝。菜式有咸有甜，有荤有素，用料也十分精细。

"满汉全席"本是官场筵席，始于清代。最初，官场中宴请嘉宾，先吃满菜席，再上汉菜席，谓之"翻台"，只因为宾客有满人也有汉人，如此安排是为了适应宾客不同的饮食习惯。而"翻台"的结果，却致使制作满席和汉席的厨师间相互展开竞赛，力求汲取对方所长，以求席桌更为精美。之后，人们遂将两席拼作一席，故有"满汉全席"之名。

最早的"满汉全席"以北京、山东、江浙菜为主，大部分菜式的原料是产自黑龙江的珍品，包括鹿尾、熊掌、猴头菇、鱼翅等，随着宴席的发展，后来闽南菜、粤菜也逐渐地出现在大型的宴席菜中，南菜和北菜各有54道。其中，54道南菜包括30道江浙菜、12道粤菜、12道闽南菜，54道北菜中包括30道山东菜、12道北京菜、12道满族菜。

"满汉全席"的规模庞大，菜品丰盛，制作程序复杂，工艺颇为考究。"满汉全席"博采烧烤、燕菜、鲍鱼、海参、鱼翅等高级食材之精华，囊括点心中油、烫、酥、仔、生、发等六种面性，施展立、飘、剖、片等二十余种刀法，汇聚蒸、炒、烧、炖、烤、煮等多种烹技，辅以冷碟中桥形、扇面、梭子背、一顺风、一匹瓦、城墙垛等十数种镶法，衬垫以规格齐全、形状各异的碗、盏、盘、碟等餐具于一席，可谓集烹饪技艺之大成。

"满汉全席"分为六宴，均以清宫著名大宴命名，汇集满汉众多名馔，择取时鲜海味，搜寻山珍异兽。"满汉全席"的菜点精美，礼仪讲究，形成了独特的风格。入席前，先上二对香、茶水和手碟，台面上则摆上四鲜果、四干果、四看果和四蜜饯。入席之后，先上冷盘，之后是主菜、饮品、甜点，依次上桌，餐具配以银器，富贵华丽，用餐环境古雅庄重。席间更有名师奏乐伴宴，令客人流连忘返。全席食毕，可使宴客领略中华烹饪之精细、饮食文化之深厚、尽享万物之灵之至尊。

"满汉全席"作为最著名的中华大宴，其菜式的名品也较多地保留下来，像火烤羊肉串、双龙戏珠等，在现在的宴席桌上仍时常可见。

五种著名的民间"宴客菜"

如今的"宴客菜"早已不只在贵族间流行，在民间也有很多乡村宴席。实际上，除了"满汉全席"，民间也流传出许多出类拔萃的著名宴客菜。

湖北宴客名菜——糖醋油虾

湖北民间宴席，指的是湖北城乡居民因交往应酬而设置的酒宴，有武汉四喜四全席、荆楚乡间贺寿席、汉川恭喜发财席等，繁多的民间宴席，是几千年荆楚饮食文化的累积。据统计，湖北民间宴席上的常见菜品有3000余种，常见的宴客菜式有糖醋油虾、黄焖甲鱼等。

糖醋油虾的原料通常是新鲜的基围虾，先把基围虾洗净，然后用料酒、盐、酱油腌渍20分钟左右至入味，然后烧热油锅，在锅中放入2勺色拉油，入洗净切好的姜、葱爆香，倒入虾反复地翻炒，炒至感觉虾皮发脆，将炒锅中多余的油盛出，然后加入两勺子醋，1勺糖和1勺油反复翻炒30秒左右，然后加入适量的味精，炒匀即可出锅。

福州首席名菜——"佛跳墙"

"佛跳墙"，福州的首席名菜，也是闽南宴席的一道上品，还曾经作为国宴上的一道菜肴，受到美国前总统里根、英国女王伊丽莎白等国家元首的称赞，不管是在国内国外，都享有盛名。

据说"佛跳墙"最初又叫做"佛寿全"，取意是"吉祥如意，福寿双全"。清道光年间，福州官员宴请布政使周莲，席间有一道菜品是将鸡、鸭、羊肘、火腿、猪肚、鸽蛋等食材放于绍兴酒坛中煨制而成的，吃起来美味异常。后来，周莲的家厨开设菜馆，将此菜又加了海参、鱿鱼等多种原料和陈皮、桂皮等多种调料，放入瓦罐中煨制，有秀才闻名而来，品尝后赋诗咏之"坛起荤香飘四邻，佛闻弃禅跳墙来"，自此，"佛跳墙"享誉海外。

　　"佛跳墙"的用料十分珍贵，将鱼翅、鲍鱼、鱼唇、海参、鱼肚、鸡、鸭、鸽蛋几十种原料煨于一坛，主料十八种，辅料十二种，互相融合，既有共同的荤味，又保持各自的特色，食物种类之多，加上耗时较长，名品荟萃，是一道价格昂贵的菜肴。

　　"佛跳墙"最传统的煨器是绍兴酒坛，并且一直被沿用至今，绍兴酒坛煨制"佛跳墙"可以储香保味，所有原料装坛后用荷叶密封坛口，然后加上盖子，用大火烧沸，再转用小火煨五至六个小时而成。

杭州宴席上的风雅名菜——"东坡肉"

　　从古至今，人们都喜欢给美味佳肴取一个诱人的名字，经典名菜中更是有不少用名人的名字来命名的，其中，杭州名菜"东坡肉"就是一个很好的例子。而且"东坡肉"作为一道宴席菜肴已经传到四川、江西、云南及其他城市中，制作方法各有千秋，香味各有所长。

　　相传苏轼曾在杭州担任刺史时，为百姓排忧解难，改善杭州交通，增加西湖的蓄水量，消除水灾，使杭州年年丰收，百姓对他十分感激，因其喜欢吃猪肉，所以各地老百姓常年给苏轼赠送猪肉，囤积的猪肉多了起来却吃不完，于是苏轼心生妙计，让人把猪肉切方块烧得红酥酥的，然后赠给杭州百姓，当地的人因为心里感激，所以把这种肉称为"东坡肉"。"苏轼文章天下闻"，自此，"东坡肉"也成了一道名扬杭州的菜肴。

苏州宴客名菜——"松鼠桂鱼"

　　"松鼠桂鱼"又叫做"松树鳜鱼"，是苏州地区的汉族传统名菜，属淮扬菜系，在江南各地一直将其列作宴席上的上品佳肴。

　　"松鼠桂鱼"也是江南一带民间宴席上必不可少的一道民间佳肴，一般以清蒸或红烧为主，最大特点是在美味的基础上对外形加以创新，将鱼制作成形似松鼠的外形。

　　关于"松鼠桂鱼"的成名，还有一个

有名的传说。

清代《调鼎集》对"松鼠桂鱼"有记载："松鼠鱼，取（鱼季）鱼肚皮，去骨，拖蛋黄，炸黄，炸成松鼠式，油、酱烧。"相传乾隆皇帝当年微服下扬州，无意间进了松鹤楼，厨师为盛情款待乾隆帝，于是用鲤鱼制膳，将鲤鱼出骨，在鱼肉上刻花纹，加调味稍腌后，拖上蛋黄糊，入热油锅嫩炸至熟后，浇上熬热的糖醋卤汁，形状似鼠，外脆里嫩，酸甜可口。乾隆皇帝吃后很满意，赞不绝口。后来苏州官府传出乾隆在松鹤楼吃鱼的事，此菜便名扬苏州。其后，经营者又用桂鱼制作，故称"松鼠桂鱼"。

自此以后，苏州的"松鼠鱼"便闻名于世。

四川的风味宴客菜——"九大碗"

说到四川的民间宴席，第一印象自然非"九大碗"莫属。

"九大碗"，又叫做"九斗碗"，四川各地凡遇婚娶、新居落成、小儿诞生、老人寿辰等喜事举办的酒席中都有"九大碗"的身影。过去因为农村的条件有限，宴席只能就地取材，用自己家里喂养的猪、鸡、鸭、鹅、菜等通过简单的蒸、炖、烧的方法烹饪，然后用九个大碗来装做好的菜肴。虽然"九大碗"外形不精致，原料中也没有山珍海味，但是却能够原汁原味地体现当地的风土人情与宴客文化。

四川宴席菜的菜品可能会因为地域的差异而有所不同，但是主菜大致还是相近的，"九大碗"中的九个菜式大致包括了蒸扣鸡（或拌鸡块）、蒸杂烩（排骨或肥肠）、蒸肘子、蒸甲鱼、红烧肉、甜烧白、咸烧白、八宝饭、酥肉汤。

对于六七十年代出生在四川农村的人来说，民间的"九大碗"宴席，于他们而言蕴含着无边的喜庆、幸福。

前菜

前 菜多是冷菜，主要包括了冷碟、饮品、开席汤等。无论是"海""陆"搭配的荤菜拼盘，还是开胃解馋的素菜冷盘，道道色香味美。前菜为宴席揭开了序幕，旨在唤醒宾客们沉睡的味蕾，使宾客们精神开始集中——一场华丽的味觉冒险就此展开。

锅塌豆腐

🍵 人气指数：★★★★
🥄 味型分类：清淡

/ 材料 /

豆腐350克

/ 调料 /

盐2克，葱花少许

/ 做法 /

1. 将豆腐洗净，切成块。
2. 锅中注水烧开，加盐、豆腐块，去除酸味后捞出，沥干水分。
3. 煎锅中注油烧热，倒入焯煮过的豆腐块，用小火煎出焦香味，两面煎至金黄色，撒上少许盐至入味。
4. 关火后，盛出煎好的豆腐，再撒上葱花即成。

🍳 大厨锦囊

豆腐中富含优质的蛋白质和人体所必需的多种矿物质元素，糖尿病患者常食豆腐可补中益气、清洁肠胃，其中钙能促进骨骼和牙齿的生长，满足人体所需的钙质。翻转豆腐块时，要掌握好力度，以免将其弄碎了。

肉末蒸丝瓜

人气指数：★★★☆
味型分类：鲜

/ 材料 /

肉末80克，丝瓜150克

/ 调料 /

生抽、料酒、水淀粉各适量，盐、鸡粉、老抽、葱花各少许

/ 做法 /

1. 丝瓜洗净去皮，切成棋子状的小段。
2. 用油起锅，倒入肉末炒至变色，淋料酒炒香，入生抽、老抽炒匀，加鸡粉、盐调味，用水淀粉勾芡，炒制成酱料，盛出待用。
3. 取一个蒸盘，摆放好丝瓜段，再放上酱料铺匀，放入烧开的蒸锅，用大火蒸至食材熟透后取出，趁热撒上葱花，浇上热油即成。

🔥 大厨锦囊

丝瓜富含维生素C，具有抗氧化，美白皮肤的作用；其中含有的木聚糖和干扰素等，糖尿病患者食用，有生津止渴、滋阴清热的作用。丝瓜摆好后用牙签刺几个孔，蒸的时候会更容易入味。本道前菜味美鲜甜，营养健康。

清蒸茄盒

🍲 人气指数：★★★
🍲 味型分类：鲜

/ 材料 /

茄子200克，肉末100克，红椒粒15克

/ 调料 /

豆瓣酱7克，盐、鸡粉各2克，生抽5毫升，生粉（马铃薯粉）、水淀粉、芝麻油各适量，蒜末、葱花各少许

/ 做法 /

1.茄子洗净，切双飞片；肉末加盐、生抽、鸡粉、生粉、芝麻油拌匀上浆。

2.将茄子切口处抹上生粉，塞入肉末制成茄盒，摆盘，撒盐，入锅蒸熟后取出。

3.蒜末入油锅爆香，入红椒粒，加水、生抽、盐、鸡粉、豆瓣酱煮沸，勾芡，制成味汁，浇在茄盒上，撒上葱花即成。

🍲 **大厨锦囊**

茄子含有维生素及钙、磷、铁等营养成分。其所含的维生素E有防止出血和抗衰老的功效，常吃茄子可使血液中胆固醇水平不致增高，同时对延缓衰老有积极意义。

白灼菜心

味型分类：鲜
人气指数：★★★☆☆

/ 材料 /

菜心400克

/ 调料 /

盐10克，生抽5毫升，味精3克，鸡精3克，芝麻油、原汤汁各适量，姜丝、红椒丝各少许

/ 做法 /

1.将洗净的菜心修整齐。

2.锅中加水烧开，加入食用油、盐，放入菜心拌匀至熟，捞出沥干水分备用。

3.取小碗，加入生抽、味精、鸡精，加入煮菜心的汤汁，放入姜丝、红椒丝，再倒入少许芝麻油拌匀，制成味汁。

4.将调好的味汁盛入盘中，食用菜心时佐以味汁即可。

🦐 大厨锦囊

菜心富含矿物质、胡萝卜素和维生素C，具有养颜明目的功效，还可促进血液循环，能清热解毒、润肠通便，对口腔溃疡、牙龈出血等也有防治作用。菜心入锅煮的时间不可太久，否则菜叶会变黄，影响成品美观。

老陕灰灰菜

人气指数：★★★
味型分类：辣

/ 材料 /

灰灰菜350克

/ 调料 /

青椒、红椒各20克，葱、蒜各10克，盐3克，鸡精2克，醋、香油各适量

/ 做法 /

1.灰灰菜洗净备用。
2.蒜去皮洗净，切末；青椒、红椒均去蒂洗净，切粒；葱洗净，切末。
3.将灰灰菜入沸水中焯熟后，捞出沥干水分，加盐、香油、鸡精、醋拌匀。
4.撒上蒜末、青椒粒、红椒粒、葱花即可。

🍳 大厨锦囊

灰灰菜，又名野灰菜，其幼苗和嫩茎叶可以食用，味道鲜美，口感柔嫩，营养丰富。食用灰灰菜之前，应先用沸水焯烫一遍，再用清水漂泡，可以使灰灰菜稍凉，提升口感。灰灰菜可以炒食、凉拌或做汤。本道前菜有助于开胃。

葱油三鲜

人气指数：★★★
味型分类：鲜

/ 材料 /

芦笋200克，虾仁、牛百叶各100克，青、红椒各少许，葱白适量

/ 调料 /

盐、味精、酱油、香油各适量

/ 做法 /

1.芦笋洗净，切段；虾仁洗净；牛百叶收拾干净，切块；葱白及青、红椒洗净，切丝。

2.锅内注水烧沸，下芦笋焯至断生，捞出后整齐摆盘；虾仁、牛百叶入锅氽熟，捞起沥水，放在芦笋上。

3.将盐、味精、酱油、香油拌匀，淋在盘中，撒上葱白及青、红椒丝即可。

🍳 大厨锦囊

牛百叶即是牛肚，别名毛肚，是牛的内脏之一，可以作食物材料，且经常被用作火锅、炒食等用途。新鲜的牛百叶必须经过处理，比较专业的处理方法是可以使用氢氧化钠进行泡制，这样之后再去烹饪，就能显得爽脆可口。

蜜汁藕片

人气指数： ★★★★
味型分类： 甜

/ **材料** /

莲藕、糯米1000克

/ **调料** /

白糖、麦芽糖适量

/ **做法** /

1.将莲藕洗净后去皮，从顶端切开，分成两段；糯米洗净后，需浸泡膨胀后灌入莲藕的大段中，盖上小段，用牙签固定住，再放入锅中。

2.接着在锅中放入适量的清水，加入白糖、麦芽糖，开大火烧开后，再用文火慢熬，直至莲藕熟至裹上一层糖皮。在最后切片装盘时，再淋糖浆即可。

🍳 **大厨锦囊**

莲藕可帮助肠胃蠕动，还可以降低胆固醇。保存时可以用报纸包裹好，然后放入冷藏室保存，但需尽快食用。炖莲藕时，最好避免使用铁锅或铝锅，因为莲藕所含的多酚化合物易与铁离子结合，而使得莲藕变黑。

吉祥萝卜丝

人气指数：★★★
味型分类：鲜

/ 材料 /

胡萝卜300克

/ 调料 /

盐5克，味精2克，红油10毫升，
酱油、麻油、醋各适量

/ 做法 /

1.将胡萝卜用清水洗净后，去头削皮，切成薄片
状后，再将其细切成大小相同的细丝，放置一旁
备用。

2.在锅中放入盐、味精、红油、酱油、麻油、醋
等调味料，调煮成酱汁。

3.将胡萝卜稍微过油后，即可装入盘中，配上调
味料食用。

🍴 大厨锦囊

胡萝卜质脆味美，含有丰富的胡萝卜素，是营养极其丰富的一种蔬菜。根据最新研
究证实，每天吃3根胡萝卜，可使血液中的胆固醇降低10%～20%；每天吃3根胡萝
卜，更有助于预防心脏疾病和肿瘤的发生。

阳春白雪

👃 人气指数：★★☆
🍲 味型分类：辣

/ 材料 /

菠菜100克，鸡蛋3个，火腿3克

/ 调料 /

红椒5克，盐5克，味精少许

/ 做法 /

1.菠菜洗净后，择去黄叶，切成细丁状。将火腿切成丁状，红椒洗净后亦切丁。

2.鸡蛋只取用蛋清，用打蛋器打发起泡，当其呈芙蓉状即可。

3.将芙蓉蛋稍微拌炒后盛起；用原锅上火，下火腿丁、红椒丁、菠菜丁，加入盐、味精炒熟，撒在蛋上即可。

🍴 大厨锦囊

火腿的表皮不易煮烂，如在火腿未煮前，先涂抹砂糖，不仅容易煮烂，味道也较鲜美。而菠菜所富含的维生素，有A、B、C、D、E等多种，还有丰富铁质，具活血功效，故血虚者可常食用。本道前菜外观精美，营养丰富。

金钱马铃薯

- 人气指数：★★★★
- 味型分类：咸

/ 材料 /

马铃薯500克，猪肉馅300克，面粉适量

/ 调料 /

盐、味精、米酒、酱油各适量

/ 做法 /

1. 马铃薯去皮后，洗净，切成3厘米厚的圆形片，在其中间切出"一"字形条状；取适量面粉，加清水调成面糊备用。
2. 在猪肉馅中调入酱油、盐、味精、米酒搅匀，用马铃薯夹住，裹上面糊。
3. 将马铃薯夹放入五成热的油中，炸至金黄色即可捞出盛盘。

🍴 大厨锦囊

马铃薯与稻、麦、玉米、高粱一起，被称为全球的五大农作物。而在法国，马铃薯还被称为"地下苹果"，因其营养成分非常齐全，而且易于被人体消化、吸收，在欧美享有"第二面包"的美誉。本道前菜深受广大女士喜爱。

翡翠竹荪

🥢 人气指数：★★★★
🍲 味型分类：鲜

/ 材料 /

竹荪50克，香椿100克

/ 调料 /

盐3克，味精少许，淀粉少许，高汤适量，鸡精、姜、葱、蒜头各5克

/ 做法 /

1. 将香椿切去大叶部分，只留下梗备用，而竹荪用高汤煨软即可。
2. 将香椿置于滚水中煮熟，取出。
3. 把香椿依次穿入竹荪的洞中。
4. 爆香姜、葱、蒜，再加入味精、鸡精、盐等调味料，置入高汤，用水淀粉勾薄芡做成淋酱，浇淋在竹荪上即可。

😋 大厨锦囊

慈禧太后为求长生不老药，派亲信遍访天下，觅得"僧竺蕈"，即长裙竹荪。动用官兵3000人，费时9个月才得长裙竹荪1500克，平均每人才找到0.5克，可见其珍贵。本道菜品既美观，又极具营养价值，非常适合宴客。

金钱豆腐

人气指数：★★★☆
味型分类：鲜

/ 材料 /

豆腐300克，鹌鹑蛋10个，猪肉馅50克

/ 调料 /

盐5克，红椒1个，葱2根，香菜、味精各少许

/ 做法 /

1. 豆腐切成圆柱形，红椒刻成金钱状，将葱切末，和肉馅拌在一起，加入盐、味精调味。
2. 将鹌鹑蛋煮熟后捞出，剥去蛋壳。
3. 将豆腐放入水中，加入盐、味精煮至入味后捞起，将其掏空并灌入调好味的肉馅，盖上红椒圈，入锅蒸熟，即可摆盘。

大厨锦囊

豆腐的营养丰富，不但含有铁、钙、磷、镁等多种微量元素，还含有醣类、植物油和优质蛋白，素有"植物肉"之称。只要两小块豆腐，即可满足一人一天钙的需求量。本道菜品营养搭配齐全，能增强体质，缓解压力。

酸辣青木瓜丝

人气指数：★★☆
味型分类：酸辣

/材料/

青木瓜100克，胡萝卜20克，辣椒粉50克

/调料/

乌醋（永春老醋）、白醋各10毫升，青椒1个，麻油8毫升，蒜瓣、香菜、盐、味精、鸡精各适量

/做法/

1. 将青木瓜、胡萝卜、青椒洗净后，都切成丝状；将蒜去皮后，剁成蓉。
2. 将锅中的清水烧沸，把青木瓜丝、胡萝卜丝氽烫一下捞出，沥干水分后，装入盘中，再撒上青椒丝。
3. 盘中调入辣椒粉、盐、味精、鸡精、蒜蓉、麻油、白醋、乌醋，拌匀即可。

🍴 大厨锦囊

青木瓜、胡萝卜在切丝时，要仔细地切匀称，这样一来，口感才会更好。青木瓜含有17种以上的氨基酸及多种营养成分，可以治疗风湿性关节炎，具有保护肝脏、抗炎抑菌、降低血脂的功效。本道前菜具有多种功效，可适当食用。

五香花生

👆 人气指数：★★★★
🥄 味型分类：五香

/ 材料 /

花生400克

/ 调料 /

酱油10毫升，盐2克，蒜2瓣，葱1根，花椒2克，桂皮2块，八角1朵，姜5克

/ 做法 /

1. 将花生去壳，洗净；蒜去皮，剁成蒜泥；葱洗净，细切成葱花；姜去皮，拍破。
2. 锅中放入清水、花生米，加入花椒、桂皮、姜、八角，用大火煮沸后，换成小火煮至花生米熟而入味，捞出沥干水分，即可装盘。
3. 油入锅内烧热，放入蒜泥炒香，调入酱油，撒上葱花，装入碗中即可当作蘸料。

🍲 大厨锦囊

花生米煮的时间很长，因此一定要煮得够入味，才可食用，并且完成后，还要添加香油，用以提味。花生中含有多种维生素和大量碳水化合物，适当食用，能提升儿童及青少年的记忆力，且对老年人有滋养保健的功效。

三鲜豆皮

人气指数：★ ★ ★ ☆
味型分类：鲜

/ 材料 /

糯米300克，鸡蛋3个，香菇250克，豆干300克，面粉30克

/ 调料 /

盐8克，鸡精5克，葱20克，味精、胡椒粉各少许

/ 做法 /

1.将糯米放入清水中泡发，捞出，沥干水分，再入锅蒸熟；豆干、香菇、葱全部切碎。

2.在糯米中加入调味料、豆干丁、香菇丁、葱花拌匀。

3.鸡蛋加面粉和匀制作成蛋皮，裹住糯米，入煎锅煎至金黄即可。

🍳 大厨锦囊

糯米含有蛋白质、脂肪、糖类、钙、磷、铁、B族维生素及淀粉等营养成分，为温补强壮食品，具有补中益气、健脾养胃、止虚汗之功效。鸡蛋中富含蛋白质，可以健脑益智、补充体力。本道菜品可以帮助增强体质。

雪地藏春

人气指数：★★★
味型分类：酥

/材料/

上海青300克，韭菜50克，五花肉50克，糯米纸1张

/调料/

盐、玉米粉、鸡蛋、面包粉各适量，味精少许

/做法/

1.将上海青、韭菜洗净，加入搅碎的五花肉拌匀，再用盐、味精调味后，加入玉米粉搅拌均匀，铺平蒸熟，放凉后才继续制作。

2.把蒸熟的内馅用糯米纸包裹好，沾上打散的鸡蛋液。

🍲 大厨锦囊

蛋液要裹厚一点，这样才能黏附更多的面包粉，放入油锅中炸出来的"雪地藏春"才会更加酥脆。韭菜可促进食欲、降低血脂，对心血管疾病患者有益，而韭菜的独特成分，对儿童增长身高颇有功效。

金玉良缘

人气指数：★★★
味型分类：鲜

/ 材料 /

猪血肠150克，猪五花肉250克

/ 调料 /

蒜泥、酱油、香菜末各适量

/ 做法 /

1.将五花肉入沸水汆烫煮熟后，切成片状，而猪血肠亦是切斜刀成大片。

2.再将肉片卷成卷状，装在盘子的一侧，而猪血肠则放在另一边，使盘子的两边呈现黑白明显的对比。

3.然后将蒜泥、酱油、香菜末一起调成酱汁，蘸食即可。

🍴 大厨锦囊

猪肉是常见的肉类，但多食易引起腹胀、腹泻，因此对患高血压、中风及肠胃虚寒者来说应慎食。另外要注意，猪肉不能与菱角同时食用，因为同食可能更易导致腹泻。本道菜品色、香、味俱全，能滋养身体。

如意拼盘

● 人气指数：★★★★
● 味型分类：辣

/ 材料 /

金钱肚150克，牛腱150克，猪舌150克，猪五花肉200克，豆腐2块，鸡蛋2个

/ 调料 /

卤汁适量，老卤适量，辣椒少许（依需要加入）

/ 做法 /

1.把预先买好卤汁煮至滚沸，再将金钱肚、牛腱、猪舌、猪五花肉、鸡蛋等清洗干净，汆烫过后，入卤锅卤至入味。

2.豆腐炸至金黄，也下入卤锅卤至入味。

3.最后将以上各种卤味切成片状，摆拼成形即可上桌。

🍴 大厨锦囊

如果想自己煮卤汁的话，其做法为：在锅中烧水，把姜片、白胡椒粉、花椒粉、八角粉适量放入，再加入少许酱油、盐、鸡精、糖。上述的卤味都需要卤30分钟左右，才能充分入味。本道前菜外观精美，能激发好胃口。

猪皮冻

🍴 人气指数：★★★☆
🍲 味型分类：鲜

/ 材料 /

猪皮300克

/ 调料 /

熟黑芝麻10克，葱花、盐、白糖、
香油、醋各适量

/ 做法 /

1.猪皮洗净，煮熟。

2.油烧热，投入猪皮稍炒，倒入适量清水，用中
火熬煮至猪皮酥烂起胶，加盐、白糖稍煮，倒入
碗内晾凉，放入冰箱中，冷冻即成皮冻。

3.食用时切片，撒上黑芝麻、葱花，淋上香油和
醋即可。

🍥 大厨锦囊

猪皮性凉，味甘，有滋阴补虚、清热利咽的功效。经常食用猪皮有延缓衰老和抗癌
的作用。猪皮所含蛋白质的主要成分是胶原蛋白，约占85%，其次为弹性蛋白。本
道前菜非常适合想要美容养颜的女性食用，健康有益。

水晶肘子

👋 人气指数：★★★★
🍲 味型分类：五香

／材料／

猪肉皮200克，肘子瘦肉150克

／调料／

香料10克，盐4克，味精、鸡精各
2克，料酒、酱油、糖色各5克

／做法／

1.将猪肉皮刮净毛，洗净后用开水煮熟。
2.取肘子瘦肉用清水洗净，加香料、盐、味精、
鸡精、料酒腌渍入味，加酱油、糖色煮熟。
3.用猪皮将肘子瘦肉包裹起来，冷却后切成片，
装盘即可。

🍳 大厨锦囊

说到肘子，前肘显然更受欢迎，前肘也就是前蹄膀，其皮厚、筋多、胶质重、瘦肉
多，肥而不腻，宜烧、扒、酱、焖、卤、制汤等，常带皮烹制。这道前菜不仅外观
精美，而且营养美味，既适合用于宴客，又适合日常食用。

西湖牛肉卷

人气指数：★★★★
味型分类：鲜

/ 材料 /

牛肉200克，花生酱20克，胡萝卜60克，糯米纸1张

/ 调料 /

香菜少许，盐、味精、什锦果酱、面包粉各适量（可用自己喜爱的酱料代替）

/ 做法 /

1. 将牛肉跟胡萝卜炒热倒出，加入香菜、花生酱、盐、味精拌匀待用。
2. 将炒好的馅料用糯米纸包住，卷成卷状，再拍上面包粉。
3. 再入油锅炸至酥脆即可，配上一小碟什锦果酱就可上桌。

🍳 大厨锦囊

牛肉味甘、性温，且无毒，能起到补中益气、强健筋骨、滋养脾胃、化痰止渴的作用，如中气不足、气短体虚、贫血久病、筋骨酸软、面黄或易目眩的人，应该适当多食用，能起到强身健骨的作用。本道前菜入口酥脆，营养丰富。

本味牛肉

人气指数：★★★☆
味型分类：五香

/ 材料 /

牛腱300克，辣椒50克

/ 调料 /

五香粉5克，盐5克，味精少许，
鸡精5克，卤汁500毫升

/ 做法 /

1.将牛腱用清水清洗干净，用盐、鸡精腌渍40分钟左右。

2.再将腌好的牛腱在卤汁中卤到熟透，然后取出晾凉。

3.将牛肉切成薄片后装盘，用辣椒粒、五香粉、盐及味精少许拌匀，作调味料，以蘸食用。

🍴 大厨锦囊

五香粉的基本材料是花椒、八角、陈皮、小茴香、丁香、桂皮、甘草、胡椒等等。在炖牛肉的时候，要注意一定要使用沸水，因为热水会使牛肉表面的蛋白质快速凝固，让肉汁精华留在肉里，这样做出来的"本味牛肉"才更香。

白切羊肉

🍵 人气指数：★★★☆
🥣 味型分类：咸

/ 材料 /

羊后腿肉300克

/ 调料 /

酱油、麻油、蒜蓉、味精、白酒
各适量，姜10克，葱20克

/ 做法 /

1.羊腿去骨，入沸水中汆烫。

2.在锅中加入清水、姜、葱、白酒及羊肉，用小
火慢煮至熟，再用大火收汁后，捞出羊肉，把皮
朝下，紧压放入保鲜盒，加入原汁，待冷却后，
放入冰箱急冻。

3.取出已冷冻的羊肉，用刀切成厚片装盘，配上
酱油、麻油、味精、蒜蓉制成酱汁即可。

🍳 **大厨锦囊**

羊肉性热，适宜于寒冬食用，但要搭配凉性蔬菜，才能中和燥性、解毒、祛火。但
羊肉不宜与醋同食，因醋中含有蛋白质、维生素、醋酸及多种有机酸，不宜与性热
食物搭配。本道菜品能驱寒、暖身，是不错的开胃菜。

橘香羊肉

- ◈ 人气指数：★★★☆
- ◈ 味型分类：酸

/ 材料 /

羊柳300克，橘子6个

/ 调料 /

酱油、米酒各适量，蒸肉粉100克，红油豆瓣酱30克

/ 做法 /

1.将羊柳切成小片，再用酱油、米酒腌至入味，使肉质细嫩爽口；把橘子中间掏空备用。

2.羊柳条加入红油豆瓣酱拌匀，再加入蒸肉粉搅拌均匀备用。

3.把拌好的羊柳条放入橘子中，入蒸笼蒸熟后，取出装盘即可。

🍲 大厨锦囊

羊肉不宜与醋同时使用，因为羊肉性热，而醋属于性温食品，宜与寒性食物搭配。蒸肉粉与羊肉的比例以1∶30较为适宜，在蒸肉粉和羊肉搅拌时可以放入少许的油，以增加光泽。本道菜品外观精美，也能促进食欲。

白云凤爪

- 人气指数：★★★★
- 味型分类：辣

/ 材料 /

鸡爪250克，朝天椒40克，野山椒50克

/ 调料 /

蒜20克，姜20克，盐60克，冰糖10克

/ 做法 /

1. 把鸡爪洗净去趾，将蒜去皮，姜去皮切块，朝天椒、野山椒洗净备用。
2. 将鸡爪放入沸水中，煮熟后捞起，过冷水。
3. 蒜、姜、朝天椒、野山椒、盐拌匀，制成泡菜水，放入凤爪后密封泡3天。上席前，准备一个干净的玻璃瓶，也装些泡好的凤爪摆盘，这样既有新意也极其美观。

🍴 大厨锦囊

"白云凤爪"是中国广东的风味小吃。它以鸡爪作为原料，成品色白晶莹、口感爽脆，并且具有丰富的营养成分，广受群众喜爱。制作时须注意泡菜水中一定不能混有油分，否则凤爪会因此变质。本道前菜非常爽口，十分开胃。

精武鸭脖

● 人气指数：★★★★
● 味型分类：辣

／材料／

鸭脖子500克

／调料／

卤汁300毫升，老卤600毫升，干辣椒20克（可视个人喜好增加）

／做法／

1.先将水煮沸到100℃，再将鸭脖子放入沸水中汆烫，此目的是要逼出鸭脖中的血水，然后才能取出洗净。

2.放入卤水中，加干辣椒卤约40分钟，关火后再浸泡20分钟，使鸭脖子完全入味，才能取出。

3.最后将鸭脖子剁成一小块一小块即可。

🍴 大厨锦囊

鸭脖肉的肉质很紧，吃起来十分有嚼劲，而肉啃完后，吸吮骨髓，更是令食客最感到过瘾的事。因为鸭脖子常伸缩活动，肌肉纤维锻炼得非常有韧劲，所以口感、味道都颇佳。这道菜品很适合当开胃前菜，有助于促进食欲。

春江水暖

👆 人气指数：★★★☆
◉ 味型分类：五香

/ 材料 /

老鸭1只（约1000克）

/ 调料 /

盐15克，味精少许，鸡精8克，桂皮20克，茴香20克，八角20克，花椒15克

/ 做法 /

1.将老鸭去净内脏、拔净余毛后，再切开整个腹部，将内部清洗干净。

2.然后将所有调味料与老鸭放置在一起腌渍5小时，使鸭肉紧实，调味料也完全入味，才可以开始烹调。

3.最后将老鸭放入烤箱烤至香味浓郁、颜色金黄后，取出切块装盘即可。

🍴 大厨锦囊

鸭肉能够补充人体所需的多种营养成分，对于一些食量小、口干、易便秘和易水肿的人，具有很好的疗效。用烤箱烤鸭时，选择上火250℃、下火180℃来烤制会较适宜，这样做出来的烤鸭肉的肉质会更加鲜美，更加细滑。

吉祥酱鸭

人气指数：★★★★
味型分类：五香

/ 材料 /

老鸭1只

/ 调料 /

酱油50毫升，白糖20克，黄酒20毫升，盐10克，花椒20克，茴香20克，桂皮15克，姜10克，葱10克

/ 做法 /

1.先用酱油、花椒、茴香、桂皮、白糖调匀，制成酱汁。

2.老鸭洗净后用盐、黄酒、姜、葱腌至入味，晾干放入酱汁内浸泡上色后，挂在通风处。

3.晾干后加入白糖、油、姜、葱、黄酒上蒸笼蒸熟，切成块即可。

大厨锦囊

老鸭的腌渍时间要长，这样才会更加入味。但是，注意鸭肉不能吃太多，否则会导致动脉硬化等不良后果。因为鸭肉的脂肪和胆固醇含量较高，所以建议心血管疾病患者尽量少吃或不吃。作为一道宴客前菜，可适当尝试。

一品糯香鸭

👍 人气指数：★★★★
🍴 味型分类：咸

╱ 材料 ╱

板鸭1只（约500克），糯米200
克，青豆仁100克

╱ 调料 ╱

味精、盐、白糖各适量

╱ 做法 ╱

1.将板鸭放置在温水中浸泡2小时，再入蒸笼蒸
熟，糯米也要煮熟待用。
2.将板鸭去骨，切成适当大小，再将加入青豆、
盐、味精和白糖搅拌过的糯米覆盖在鸭肉上。
3.最后将板鸭煎至金黄酥脆，即可起锅装盘。

🍲 大厨锦囊

鸭肉味甘、微咸，性偏凉，但无毒，可入脾、胃、肺及肾经，具有滋五脏之阴、清
虚劳之热、养胃生津、补血行水、止咳的功效。本道菜品以板鸭作为主料，伴以香
浓软糯的糯米，不仅不腻，而且能起到促进食欲的作用。

蛋里藏珍

🖐 人气指数：★ ★ ★ ☆
🍴 味型分类：鲜

／ 材料 ／

鸡蛋8个，蘑菇3个，袖珍菇80克，
鱿鱼100克，金针菇、火腿各50克，
西蓝花、西红柿、韭黄、胡萝卜丝
各少许

／ 调料 ／

胡椒粉3克，盐5克，味精少许

／ 做法 ／

1.诸材料洗净，除鸡蛋外，均切末；鸡蛋入锅煮熟，去壳后，除去蛋黄，备用。

2.将锅中油烧热后，放入原材料（鸡蛋除外），炒熟后，加入调料后起锅，装入空蛋中，入锅蒸10分钟，取出。

3.盘中摆上洗净、焯水过的西蓝花做装饰，再放上蒸好的成品即可。

🍴 大厨锦囊

西红柿中含有较多的维生素C，与营养美味的鸡蛋同炒，可促使钙的吸收率提高，有助于促进钙质的吸收。另外，我们在煮蛋时，若不小心煮破了，蛋白就会从细缝流出，但如果把蛋放在盐水中煮，蛋白就不会外流。

卤味拼盘

🍃 人气指数：★★★★
🍂 味型分类：蒜香

╱ 材料 ╱

鹅肾1个，鹅掌200克，鹅翅200克，豆干适量

╱ 调料 ╱

卤汁适量，蒜蓉20克，白醋50毫升

╱ 做法 ╱

1. 将鹅肾用温水洗干净后，对半切开，再把鹅掌去趾，和鹅翅、豆干一起用温水清洗干净，然后把上述食材放入开水中煮熟。
2. 将煮熟的材料放入卤汁中浸泡30分钟后，取出切片，摆入盘中。
3. 将蒜蓉与白醋调味成酱汁后，可供蘸取食用。

🍳 大厨锦囊

卤汁要选用多种中药提炼制作，用来卤制叉烧、烧鹅、大肠、豆腐、豆干等食材，都相当美味，也简便易做。另外要提醒您，食材要先煮熟再浸卤汁，会较易入味。这样一道前菜，真是让人垂涎欲滴。

迎春蛋饺

人气指数：★★★★
味型分类：鲜

/ 材料 /

鸡蛋3个，猪肉馅80克，干香菇20克，冬笋50克

/ 调料 /

盐5克，酱油3毫升，味精少许，鸡精5克

/ 做法 /

1.香菇泡发后和冬笋切成丁，与猪肉馅拌匀。另外将鸡蛋打匀，加少许水，煎成蛋皮。

2.蛋皮用模具，做成小圆形，然后包入馅料，入蒸笼蒸熟后取出。

3.将盐、酱油、鸡精、味精调制煮成酱汁，再淋在蛋饺上就完成了。

🍲 大厨锦囊

包蛋饺时，为了使封口更紧实一些，可以在边缘蘸上水淀粉。蛋饺是一道家常菜，主要是用一小块煎好的蛋皮裹住肉馅，再捏成饺子的形状，通常都是用熟馅，也可用生馅，但是只要把它煮熟即可。相信这是一道老少皆宜的菜品。

迎宾皮蛋

👍 人气指数：★★★★
🍲 味型分类：酸辣

/ 材料 /

皮蛋1个，黄瓜1根，红椒2个，胡萝卜1根

/ 调料 /

盐2克，味精2克，白糖4克，乌醋1克，酱油2克，辣椒油适量

/ 做法 /

1.先将胡萝卜洗净，去皮，再用模具压成各式形状。

2.黄瓜切成片，皮蛋切成小瓣状。

3.取扇形盘，先摆黄瓜，再摆皮蛋，最后放上雕花的胡萝卜装饰。

4.将盐、味精、白糖、乌醋、酱油、辣椒油调成酱料一同上桌即可。

🍳 大厨锦囊

皮蛋黄最好选用老一点的，如果太生，还可以先蒸一下。皮蛋对于偶然失眠或者抽烟、酗酒的人也有帮助，这些人早上起床后口中往往会有苦涩味，此时最适宜吃点皮蛋做的料理。皮蛋也是很适合当下酒菜的美食。

脆皮咸蛋卷

人气指数：★★★★
味型分类：咸

/ 材料 /

肥肠400克，咸鸭蛋蛋黄20个，小黄瓜200克

/ 调料 /

淀粉80克，味精少许，卤汁500毫升

/ 做法 /

1.在肥肠中加入淀粉，仔细冲洗洗净，再装入咸蛋黄，用牙签封口。

2.黄瓜洗净，细切成片。

3.将锅中的水烧沸，下肥肠汆烫，再入卤锅卤熟入味。

4.往锅中加油，烧至六成油温，把肥肠炸至金黄，用刀切断后装盘，与黄瓜片交叉摆放即可。

🍴 大厨锦囊

肥肠清洗四步曲：①用温水清洗。②加少许醋在肥肠中搓洗，再用清水冲洗掉醋味。③把里面翻出来用温水再洗一下。④放入锅中汆烫，硬了就可拿出来切斜片。经过这样处理后的肥肠，吃起来的感觉也十分不同。

锦绣海鲜盏

人气指数：★★★★
味型分类：鲜

/ 材料 /

鲜鱿鱼200克，虾仁200克，西芹2根，红椒1个，鸡蛋2个

/ 调料 /

盐、味精、淀粉、麻油各适量

/ 做法 /

1.将材料中的鲜鱿鱼、虾仁、西芹以及红椒用刀切成小丁。

2.用鸡蛋和淀粉调匀，制成面糊，做成灯盏的形状，入油锅炸熟。

3.材料过水后，再与调料翻炒，然后要勾芡，淋上麻油，起锅后，装在蛋皮盏内，摆盘即可。

🍲 **大厨锦囊**

"海鲜盏"的做法是把蛋皮放入模具中炸硬。鱿鱼能解毒、排毒，还具有滋阴养胃、补虚泽肤的功效；其中所含的钙、磷及维生素B$_1$等，都是维持人体健康所必需的营养成分。本道菜品极具观赏价值，也十分美味。

富贵节节高

👍 人气指数：★★★★
🍲 味型分类：鲜

/ 材料 /

黄瓜3根，鳕鱼100克，香菇50克，胡萝卜10克，蒜瓣10克

/ 调料 /

蚝油10克，盐5克，味精2克，糖4克，高汤50克

/ 做法 /

1.取黄瓜3根，用刀刻成竹节形，在热水中汆烫备用。

2.将鳕鱼、胡萝卜、香菇、蒜瓣切成小丁，过水后，加入所有调味料炒匀至入味备用。

3.将已炒好的主料填装入黄瓜节里，摆盘即可。

🍴 大厨锦囊

黄瓜做菜时，去皮的黄瓜不爽口。蒜含有丰富的醣类、维生素B₁、维生素C、胡萝卜素、钙、铁、钾及大量纤维质。黄瓜节要刻均匀，摆成竹子状时要注意协调感。"富贵节节高"的寓意很好，也为这道菜品增添了几分美感。

海蜇豆芽拌韭菜

🍵 人气指数：★★★☆
🍲 味型分类：鲜

/ 材料 /

水发海蜇丝120克，黄豆芽90克，
韭菜100克，彩椒条40克

/ 调料 /

盐2克，鸡粉2克，芝麻油2毫升

/ 做法 /

1.韭菜洗净切段，焯水；黄豆芽洗净切段，焯
水；海蜇丝洗净，汆水；彩椒洗净，焯水。
2.将准备好的食材都装入一个干净的碗中，加入
适量盐、鸡粉、芝麻油，搅拌均匀调味。
3.把拌好的食材盛出，装盘即可。

🍴 大厨锦囊

黄豆芽富含B族维生素和膳食纤维，能保护皮肤、营养毛发，常食可清理血管，防治
老年高血压。海蜇是一种低脂肪、高蛋白的食物，有降压、清肠等功效。焯煮海蜇
的时间不宜太长，否则海蜇会过度收缩，影响口感。

黑木耳拌海蜇丝

人气指数：★★☆
味型分类：鲜

/ 材料 /

水发黑木耳40克，水发海蜇120克，胡萝卜80克，西芹80克

/ 调料 /

香菜末20克，盐1克，鸡粉2克，白糖4克，陈醋6毫升，芝麻油2毫升，蒜末少许

/ 做法 /

1.黑木耳洗净切块；西芹洗净切丝；海蜇洗净，切丝；胡萝卜洗净去皮，切丝。

2.锅中注水烧开，放入海蜇丝煮2分钟，入胡萝卜、黑木耳煮1分钟，再入西芹煮熟，捞出沥干水分。

3.将煮好的食材装碗，加蒜末、香菜及其他调料拌匀，再装盘即可。

大厨锦囊

黑木耳营养价值较高，味道鲜美，蛋白质含量甚高，被称之"素中之荤"，是一种营养颇丰的食品；既可作菜肴，还可防治糖尿病，可谓药食兼优。西芹不易熟，在焯水时可以适当多煮一会儿。本道菜品是清凉开胃美食。

蒜蓉粉丝蒸蛏子

味型分类：蒜香
人气指数：★★★★

/ **材料** /

蛏子300克，水发粉丝100克，蒜蓉30克，葱花少许

/ **调料** /

味精、盐、生抽各适量

/ **做法** /

1. 蛏子处理好后摆入盘中；粉丝洗净，切成段，摆放在蛏子上。
2. 用油起锅，倒入蒜蓉炒至金黄，加盐、味精、生抽调味，盛在摆好的粉丝上。
3. 将摆放蛏子的盘子入蒸锅蒸3分钟至熟。
4. 取出蒸好的蛏子，撒上葱花，浇上烧热的食用油即可。

🍲 大厨锦囊

蛏子富含蛋白质、矿物质，滋味鲜美，营养价值高；其中碘和硒，是甲状腺功能亢进患者、孕妇、老年人的良好保健食品。常食蛏子有益于脑的营养补充，有健脑益智的作用。蛏子用淡盐水浸泡，较容易清洗。

汤 品

PART3

汤品为宴席暖了场子，起着承上启下的作用。汤品种类繁多，包括首汤、二汤、中汤、座汤和饭汤。热乎乎的各式汤品不仅凝聚了食材精华，更蕴含着主人家的浓浓心意。看着热气蒸腾，人心也都随之温暖起来，席间气氛当然也是渐入高潮！

三丝萝卜羹

- 人气指数：★★★☆
- 味型分类：鲜

/ 材料 /

胡萝卜50克，白萝卜50克，青萝卜50克，木耳10克，鸡蛋1个

/ 调料 /

生粉8克，鸡精2克，盐3克

/ 做法 /

1.三种萝卜去皮洗净，切丝；木耳泡发洗净，撕碎；鸡蛋打入碗内搅匀，备用。

2.净锅上火，放入清水，大火烧沸，下入切好的三种萝卜丝和木耳。

3.大火炖至萝卜丝熟，调入盐、鸡精、生粉勾芡后，淋入鸡蛋液拌匀即可。

大厨锦囊

胡萝卜能起到多方面的保健功能，被誉为"小人参"；白萝卜适用于肺热、便秘、吐血、消化不良、痰多等症；青萝卜的淀粉酶含量很高，肉质致密，适合生食、做汤、腌渍等。这道汤品汇聚了多种营养，值得好好品尝一番。

枸杞党参银耳汤

人气指数：★★★★
味型分类：鲜

/ 材料 /

水发银耳120克，枸杞8克，党参8克

/ 调料 /

冰糖15克

/ 做法 /

1. 银耳洗净去根，切成小块备用。
2. 砂锅中注水，用大火烧开。
3. 倒入银耳、党参、枸杞，用小火煮约30分钟至食材熟透，放入冰糖搅拌均匀，煮至溶化。
4. 关火，盛入煮好的汤料装碗，即可享用。

🍳 大厨锦囊

银耳含有蛋白质、天然植物性胶质、维生素D、粗纤维等营养成分，具有补脾开胃、美容养颜、增强免疫力等功效。党参有补中益气，增强人体免疫力的功效。党参煮银耳时要不时搅动，以免粘锅。本道汤品非常适合宴客时饮用。

人参银耳汤

🍲 人气指数：★★★☆
🍶 味型分类：鲜

/ 材料 /

水发银耳100克，冬笋150克，上海青70克，人参片6克

/ 调料 /

冰糖25克

/ 做法 /

1.银耳洗净，切小块；冬笋洗净去皮，切片备用；上海青洗净去叶，切成瓣。

2.砂锅中注水烧开，放入银耳、冬笋、人参片，用小火煮20分钟至熟，加入冰糖，倒入上海青拌匀，煮至冰糖溶化。

3.关火后把煮好的汤料盛出即可。

🍴 大厨锦囊

冬笋富有营养价值，并具有医药功能，质嫩味鲜，清脆爽口，含蛋白质和多种氨基酸、维生素，能促进肠道蠕动，有助于消化，预防便秘。人参有强身健体、大补元气的功效，正气不虚者忌服。银耳汤以煮至黏稠状为佳。本汤品适合宴客时食用。

紫薯百合银耳汤

味型分类·甜

人气指数·★★★☆☆

/ 材料 /

紫薯50克，鲜百合30克，水发银耳95克

/ 调料 /

冰糖40克

/ 做法 /

1.紫薯洗净去皮，切成丁备用；银耳洗净，切去黄色根部，切成小块；鲜百合洗净。

2.砂锅中注水烧开。倒入切好的紫薯、银耳，烧开后用小火煮20分钟，至食材熟软加入洗好的百合，倒入冰糖拌匀，用小火续煮至冰糖溶化。

3.把煮好的汤料盛出，装入汤碗中即可。

🍳 大厨锦囊

紫薯富含多种维生素和矿物质，其特有的花青素是一种强效自由基清除剂。紫薯本身带有甜味，冰糖可以适量少放，以免成品太甜。

冬瓜干贝汤

🍵 人气指数：★★★★
🍵 味型分类：鲜

/ 材料 /

冬瓜500克，干贝5个

/ 调料 /

盐3克，香油适量，姜丝15克，高汤1700毫升，香菜适量

/ 做法 /

1.把冬瓜洗净，去皮和籽，切小块。

2.将干贝洗净，浸泡约30分钟，放入蒸锅内蒸软，放凉后撕成丝备用。

3.在锅中加入高汤和冬瓜后，先煮至半软，然后放入干贝丝、姜丝、盐，再煮15分钟即可，食用时再滴入香油、撒上香菜即可。

🍲 大厨锦囊

选购冬瓜时，要选瓜皮干净且硬，而颜色呈翠绿，肉质才会肥厚细密；切面的部分洁白，才是新鲜的；如果种子是白色的，则肉质松散，口感较差。一般来说，冬瓜、南瓜都应选较熟的。本汤品色泽艳丽，口感一流。

玉米香菇汤

人气指数：★★★★
味型分类：鲜

/ 材料 /

玉米2根，香菇8朵，排骨500克

/ 调料 /

盐3克

/ 做法 /

1.将排骨放入沸水中汆烫过后，把它捞出清洗干净后备用。

2.将玉米分切成一段一段的，再把香菇泡软后，去蒂备用。

3.在锅中加入排骨、玉米、香菇和7碗水用大火滚煮到沸后，转中小火，慢慢煨煮约50分钟，加入调味料即可上桌。

🍲 大厨锦囊

挑选玉米时，应注意外面的叶子是否枯黄，是否有臭酸味；如果有，就代表玉米有受到水伤，已经生长霉菌了；还可以用手轻压前、后端，看是否饱满，如果软软的，就代表玉米可食用部分少。用玉米做汤，口味鲜甜。

芦笋菠菜奶油汤

人气指数：★★★☆
味型分类：甜

/ 材料 /

芦笋100克，菠菜150克，面包丁适量

/ 调料 /

盐1克，奶油适量

/ 做法 /

1. 芦笋用清水洗净，切段。
2. 菠菜去须根，用清水洗净，焯水后挤干水分，切末。
3. 锅中加水烧开，放入芦笋和菠菜末，煮至熟，调入盐后盛起。
4. 淋奶油，撒入面包丁即可。

🍳 大厨锦囊

芦笋富含多种氨基酸、蛋白质和维生素，具有调节机体代谢、提高机体免疫力的作用。菠菜富含B族维生素，适当食用，能对抗贫血、调理肠胃；同时，还要注意，菠菜在食用之前，一定要先入沸水中焯烫过后方可食用。

西湖莼菜汤

👍 人气指数：★★★★
🍲 味型分类：鲜

/ 材料 /

西湖莼菜1包，草菇50克，鸡蛋1
个，冬笋150克，鲜鸡肉50克

/ 调料 /

鸡汤200克，盐3克，胡椒粉5克，
生粉（马铃薯粉）15克

/ 做法 /

1.草菇、冬笋、鸡肉均洗净切片，锅中加水，大
火烧开，再分别放入草菇、冬笋、鸡肉焯烫。
2.将鸡汤倒入锅中，加入莼菜、冬笋、草菇、鸡
肉，调入盐、胡椒粉拌匀煮沸。
3.用生粉勾薄芡，加入鸡蛋清煮熟，即可出锅。

🍳 大厨锦囊

莼菜又名蓴菜、马蹄菜、湖菜等，其口感鲜美滑嫩，是珍贵的蔬菜之一。莼菜中含
有丰富的胶原蛋白、碳水化合物以及多种维生素和矿物质，是药食两用的保健佳
品，不管男女老少都可适当食用。本道汤品滋补养颜、润燥补虚。

芙蓉竹荪汤

人气指数：★★★☆
味型分类：鲜

/ 材料 /

水发竹荪70克，鸡蛋1个

/ 调料 /

盐2克，鸡粉2克，芝麻油2毫升，
葱花少许

/ 做法 /

1.竹荪洗净，切成段。
2.鸡蛋打入碗中，打散调匀。
3.锅中注水烧开，放入盐、鸡粉，淋入食用油，放入竹荪搅散，煮至断生，倒入蛋液拌匀，淋入芝麻油，拌匀调味。
4.关火，盛入煮好的汤料装碗，撒入葱花即可。

🍴 大厨锦囊

竹荪中含有多种氨基酸，还含有维生素、矿物质等营养成分，能保护肝脏，减少体内脂肪的积存，从而产生降血压、降血脂和减肥的效果，比较适合女性食用。竹荪宜用淡盐水泡发，并剪去菌盖头，以去除异味。

银丝竹荪汤

人气指数：★★★☆
味型分类：鲜

/ 材料 /

竹荪15克，粉丝1把，豆苗20克

/ 调料 /

盐、味精各1匙，香油1/4匙，素高汤适量

/ 做法 /

1.粉丝用冷水浸泡发涨备用，豆苗洗净。

2.竹荪摘除尾端伞组织后，放入滚水中加白醋数滴，烫3分钟，待色泽变白后捞出，再切成长5厘米、宽2厘米的薄片。

3.粉丝用滚水烫一下，捞出后放入汤碗内，锅中放素高汤，调入盐、味精、香油煮滚，放竹荪和豆苗叶片再煮滚，起锅倒入碗内即成。

大厨锦囊

竹荪的营养丰富，香味浓郁，滋味鲜美，自古就被列为"草八珍"之一，具有强健滋补、益气补脑、宁神养心的功效。粉丝是中国常见的食品之一，食用前最好先用热水浸泡一下，使它柔软。本道汤品丝滑爽口，能起到一定滋补功效。

美味鲜菇汤

👆 人气指数：★★★★
🥄 味型分类：鲜

/ 材料 /

香菇、口蘑各5朵，金针菇200克，
蟹肉棒丝50克，胡萝卜、木耳各80
克，高汤1500毫升，蛋液适量

/ 调料 /

柴鱼粉3克，盐3克，葱花、香菜
末各15克，香油适量

/ 做法 /

1.香菇、胡萝卜、木耳切丝，金针菇切段，口蘑
切片。

2.将高汤烧开后，入胡萝卜丝、木耳丝、香菇
丝、口蘑片、金针菇、蟹肉棒丝，烧开时倒入蛋
汁，蛋花浮起时入调料，去浮沫后熄火，撒葱
花、香菜，滴香油即可。

🍴 **大厨锦囊**

选购香菇要选肉厚香气浓的，注意不要购买黑心的香菇，其最明显的特征，就是蕈
柄被除去，只剩蕈伞，还会呈现被压扁的现象。用多种菌菇搭配胡萝卜、黑木耳，
能补充多种营养价值，其汤汁尝起来的口感也绝对是一流的。

海带黄豆猪蹄汤

味型分类：鲜
人气指数：★★★★

/ 材料 /

猪蹄500克，水发黄豆100克，海带80克，姜片40克

/ 调料 /

盐、鸡粉各2克，胡椒粉少许，料酒6克，白醋15毫升

/ 做法 /

1.猪蹄洗净，斩块；海带洗净，切块。
2.锅中注水烧热，入猪蹄块，淋白醋，大火煮片刻后捞出；再入海带稍煮后捞出。
3.锅中注水烧开，入姜片、黄豆、猪蹄、海带搅匀，淋料酒，煲煮至食材熟透，加鸡粉、盐、胡椒粉搅匀，煮至汤汁入味。
4.关火后取下砂锅即可。

🍴 大厨锦囊

黄豆含有人体必需的多种氨基酸，尤以赖氨酸含量最高，还含有不饱和脂肪酸，有降低胆固醇的作用。猪蹄中含有丰富的胶原蛋白，有美容丰胸的功效。黄豆的泡发时间要在6小时以上，这样煲煮好的汤味道会更鲜美。

猴头菇煲鸡汤

味型分类：鲜
人气指数：★★★☆

/ 材料 /

水发猴头菇50克，玉米块120克，鸡肉块350克

/ 调料 /

鸡粉2克，盐2克，料酒8克，姜片少许

/ 做法 /

1. 猴头菇洗净，切成小块。
2. 锅中注水烧开，入鸡块，淋料酒氽好。
3. 锅中注水烧开，入玉米块、猴头菇、鸡肉块、姜片，淋料酒拌匀，烧开后用小火煮至食材熟透，放入鸡粉、盐拌匀调味。
4. 关火后，盛出煲好的鸡汤，装入汤碗中即可。

🍲 大厨锦囊

猴头菇含有挥发油、蛋白质、多糖类等成分，对消化不良、胃病有显著的食疗作用，是肠胃病患者的优选食材；鸡肉可提供人体所需的优质蛋白。同时需要注意，烹饪时，猴头菇不宜放太多，否则汤会有苦味。

银耳鸭汤

味型分类：鲜

人气指数：★★★☆

/ 材料 /

鸭肉450克，水发银耳
100克，枸杞10克

/ 调料 /

盐3克，鸡粉2克，料酒
适量，姜片25克

/ 做法 /

1.银耳洗净去根，切成小块；鸭肉洗净，斩成小
块，余去血水后捞出；枸杞洗净。

2.用油起锅，入姜片爆香，入鸭块炒匀，淋料
酒，加清水煮沸，去浮沫后入枸杞。

3.锅中材料转入砂锅，置于大火上，放入银耳烧
开，转小火炖30分钟至熟，放入适量鸡粉、盐，
拌匀调味即可。

大厨锦囊

鸭肉富含蛋白质及多种矿物质，
具有清虚劳之热、养胃生津、止
咳息惊等功效。银耳富含膳食纤
维，具有滋阴润肤、美容减肥的
功效。炖鸭肉时，加入少许陈皮
一起煮，不仅能有效去除鸭肉的
腥味，还能为汤品增香。

菌菇鸽子汤

味型分类：鲜
人气指数：★★★★

／ 材料 ／

鸽子肉400克，蟹味菇
80克，香菇75克

／ 调料 ／

盐3克，鸡粉2克，料酒8
克，姜片、葱段各少许

／ 做法 ／

1. 将鸽子肉清理干净，斩小块，汆水。
2. 砂锅中加水烧开，入鸽肉、姜片，淋料酒，大
火烧开后炖煮20分钟至肉变软。
3. 倒入洗净的蟹味菇、香菇拌匀，小火煮15分钟
至食材熟透，加鸡粉、盐调味。
4. 关火后盛出煮好的鸽子汤，装入汤碗中，撒上
葱段即成。

大厨锦囊

蟹味菇、香菇都是营养价值极其
丰富的菌类，能为人体补充多种
营养，起到增强免疫力和抗病力
的作用。鸽子肉对滋补身体、养
血补肾都是非常有益的。煲汤时
加点姜片，还能起到驱寒暖胃的
作用，提升汤的鲜味。

苦瓜酿肉汤

👍 人气指数：★★★☆
🍵 味型分类：鲜

/材料/

苦瓜1条，猪肉馅500克

/调料/

高汤1400毫升，水淀粉15克，米酒、盐、胡椒粉、味精各少许

/做法/

1.先将苦瓜洗干净，切成宽圈状，在苦瓜内侧抹上少许淀粉。

2.将猪肉馅加入米酒、盐、胡椒粉及一点水淀粉，搅拌均匀后，分别往每个苦瓜圈内塞入适量，并压平。

3.将已塞满肉的苦瓜置于锅内，注入高汤、盐及一点味精，以中火炖约25分钟，即可出锅。

🍲 大厨锦囊

苦瓜含有粗纤维及多种矿物质，能满足人体所需营养，如怕苦味，可用香菇所泡过的水作为汤汁，做出的苦瓜汤就会味道鲜甜。此汤品属低热量食品，建议减肥时多食用。此汤品味美色香，非常适合作为宴客菜的汤品食用。

山药排骨汤

👍 人气指数：★★★☆
🍲 味型分类：鲜

/ 材料 /

排骨500克，山药半根，枸杞30克

/ 调料 /

姜2片，盐5克

/ 做法 /

1. 将排骨汆烫后用温水清洗干净，山药去掉皮，分切成小块备用。
2. 在排骨中加入8碗水，再放入姜，一起熬煮约30分钟。
3. 放入山药、枸杞，续煮至山药熟透。
4. 加入盐调味后盛出即可。

🍴 大厨锦囊

这道汤品属高营养食品，因山药含有维生素C和铁、钙等多种成分，具有滋补脾胃，生津益肺的功效，还能增强身体的抗氧化能力，对延缓衰老具有很大的作用，营养价值极高。

莲藕排骨汤

人气指数：★★★★
味型分类：鲜

/ 材料 /

莲藕350克，排骨250克

/ 调料 /

盐6克，味精少许，鸡精5克

/ 做法 /

1.将莲藕洗干净，分切成小块，再将排骨洗干净，切成块。

2.将排骨放入沸水中煮透，氽去血水后捞出，沥干水分。

3.在瓦罐中加入煮透的排骨、高汤、莲藕、调味料，用锡纸封口。

4.用小火煨制3小时即可。

🍴 大厨锦囊

注意莲藕不可放入铁锅中煲煮，以免氧化变黑。莲藕又名莲根，含有大量的淀粉、B族维生素、维生素C、蛋白质，以及钙、磷、铁等多种矿物质，肉质肥嫩、口感甜脆，生食口感恰似水梨。此汤品滋味鲜甜，能增强体质。

木瓜排骨汤

👍 人气指数：★★★★
🍵 味型分类：甜

╱ 材料 ╱

木瓜350克，排骨250克

╱ 调料 ╱

盐、味精、鸡精各适量，姜10克，高汤300毫升

╱ 做法 ╱

1.将木瓜去皮洗净后，分切成小块，排骨亦切块，姜则切成片。

2.然后将排骨放入沸水中氽烫过后，捞起洗净。

3.将原材料放入瓦罐内，加入高汤、调味料，然后用锡纸封口，用小火煨制3小时即可。

🍽 大厨锦囊

木瓜就是传说中的"万寿果"，它兼具食疗与美味，尤其它的美容功效更是受女性欢迎。木瓜有助于分解蛋白质和淀粉，是消化系统的帮手。注意木瓜要选用生一点的，以免煲出来的汤太甜。此汤品女性可以适当多喝。

黄豆排骨汤

👌 人气指数：★★★☆
🍵 味型分类：鲜

/ 材料 /

黄豆120克，小排骨500克，海带结12个，胡萝卜半根

/ 调料 /

盐5克

/ 做法 /

1. 将黄豆洗净，浸泡约2小时。
2. 将小排骨汆烫后，清洗干净；将胡萝卜切成丁，备用。
3. 把小排骨、海带结、泡发的黄豆和8碗水一起煮至软透，再加入胡萝卜约煮20分钟后，加盐调味即可。

🍳 大厨锦囊

黄豆营养具有健脾、润燥、消水肿的功效。不仅可以加工为减肥食品，更含有丰富的大豆卵磷脂、异黄酮类，可以抗癌。此汤富含膳食纤维、维生素，可让孕妇在生产后食用。宴客时奉上此汤品，能开胃消食。

罗宋汤

人气指数：★★★★
味型分类：酸甜

/ 材料 /

牛肉（里脊或牛腩）500克，番茄1个，胡萝卜1根，洋葱1个，马铃薯1个

/ 调料 /

姜1块，番茄酱45毫升，盐3克，胡椒粉少许

/ 做法 /

1.牛肉切块后，氽烫洗净备用。

2.番茄、胡萝卜、马铃薯切块，洋葱切片，备用。

3.牛肉加入2000毫升清水，用大火煮20分钟，再加入备好的材料及番茄酱，转中小火炖煮至牛肉软烂，加入调味料后就可熄火盛盘，食用时可撒上胡椒粉。

🍴 大厨锦囊

"罗宋汤"的由来是因"俄罗斯"的英语为RUSSIAN，于是上海的文人就把来自俄罗斯的汤，音译为"罗宋"，而这道菜是从俄式红菜汤演变而来，由上海人改变成酸中带甜的口味。经典的"罗宋汤"酸甜可口，是宴客席上的"常客"。

砂锅羊肉

- 人气指数：★★★★
- 味型分类：鲜

/ 材料 /

羊肉500克，白萝卜1根，红枣8颗

/ 调料 /

老姜6片，盐3克，大蒜1根，米酒半瓶

/ 做法 /

1.羊肉切块后，汆烫去血水，洗净备用。

2.白萝卜去皮切块，大蒜斜切片备用。

3.用油爆香姜片，加入羊肉、盐拌炒，倒入半瓶米酒，移至砂锅里，用大火约煮10分钟，再倒入3杯水，转中小火，焖煮20分钟后，将白萝卜、红枣也放入，续煮至材料软烂，即可熄火，撒下大蒜，就可上桌款待客人了。

🍲 大厨锦囊

羊肉的脂肪含量较猪肉和牛肉要少，一直都是冬季进补的食品。如要去除膻味，可以将羊肉用冷水浸泡2~3天，每天换水2次即可；或准备一块白萝卜，用冷水和羊肉一起煮开亦可。将羊肉与红枣搭配，既可驱寒，又可补血益气。

香菇土鸡汤

👆 人气指数：★★★★

🍛 味型分类：鲜

/ **材料** /

土鸡600克，干香菇15克

/ **调料** /

盐、鸡精各适量，高汤600毫升

/ **做法** /

1.将土鸡宰杀后，去掉毛以及内脏，剁成块，再放入沸水中汆烫。

2.将干香菇用水泡发后，置入煮沸的水中汆烫过后捞起。

3.把以上所有原材料及高汤都置于瓦罐中，再放入调料，用锡纸封口，然后用小火煨制3小时，即可出锅。

🍲 **大厨锦囊**

香菇乃"素中之肉"，是医学界公认的"健康食品"；可与多种食物烹煮，也可用来凉拌、红烧、煎炒，还可用作炸酱、煮汤等。香菇泡发后，用淀粉洗过，以免含有细沙。此汤品浓香醇厚，极具滋补强身的作用。

蒜头鸡汤

● 人气指数：★★★★
● 味型分类：蒜香

/ 材料 /

鸡1只，蒜240克

/ 调料 /

盐5克，米酒15毫升

/ 做法 /

1.将鸡氽烫过后，用温水洗干净备用。

2.把蒜洗净后，去蒂，剥去外皮后，放入小蝶中备用。

3.将120克的蒜放入鸡腹中，锅中水量要淹过鸡身，另外120克的蒜则倒入锅中，大火转小火继续炖约40分钟，至鸡肉软烂即可调味，淋上米酒后，就可熄火上桌。

🍴 大厨锦囊

此道汤品属低热量食谱，其中蒜具有独特的辛香味和丰富的维生素，还具有防癌、抗老的功能。而蒜用来爆香可以达到增鲜、去腥的功效，是中式料理中常见的调味品。用大蒜与鸡肉搭配做汤，是益气补虚的良品。

红枣参须汤

👍 人气指数：★★★☆
🍲 味型分类：鲜

/ 材料 /

鸡1只，参须6支，红枣12颗

/ 调料 /

盐5克

/ 做法 /

1.将鸡用热水氽烫后，用温水清洗干净备用。

2.将鸡置入锅中，加入清水，水量要盖过鸡身，用大火炖30分钟。

3.然后将红枣、参须放置于鸡汤中，大火转中小火，慢慢炖至鸡肉烂透，加调味料调味后，即可熄火装盘上桌。

🦐 大厨锦囊

古代常用参须治疗胃气虚弱、肺气虚弱，现代也被视为人参替代品。由于参须有补血功效，孕妇及高血压患者尽量少喝，但低钙、尿酸结石患者及生产完的妇女可多食用此汤品。此汤品不仅适合宴客，病弱体虚之人也可食用。

苦瓜鸡汤

👆 人气指数：★★★☆
🍴 味型分类：鲜

/ 材料 /

鸡半只（或鸡腿2只），苦瓜1根，罐头菠萝5片

/ 调料 /

盐2克，米酒5毫升

/ 做法 /

1. 鸡剁成块状，汆烫后，洗净沥干备用。
2. 苦瓜对切去籽，洗净后切块，而菠萝则切小块备用。
3. 在锅中放入鸡块，加8碗水，用大火煮20分钟后，放入苦瓜、菠萝，转小火煮至鸡肉熟烂、苦瓜软透时，加点盐并淋上米酒即可。

🍲 大厨锦囊

苦瓜含有苦瓜素，故带苦味，煮后会变成苦甘味，能促进食欲，还能明目；而且富含维生素C，能有助于骨骼、牙齿和血管的健康及铁质的吸收。另外，常饮苦瓜茶还能清热、解暑；用苦瓜搭配鸡肉做汤，能起到清热、解郁的作用。

黄花鲜鸡汤

👍 人气指数：★★★★
🍲 味型分类：鲜

/ **材料** /

鸡半只，黄花菜300克

/ **调料** /

盐、味精各适量，葱花15克，香油少许

/ **做法** /

1. 将鸡清理干净，切块，氽水；黄花菜洗净，将硬梗剪去，再用水泡软。
2. 在锅中置入鸡块，加入清水，水量要淹过鸡块，以大火煮开后，转小火煮至鸡肉软透。
3. 将泡软的黄花菜挤去水分加入鸡汤中，调味后略滚一下，再加入葱花和香油即可熄火。

🔪 **大厨锦囊**

市面上售卖的黄花菜的颜色如呈褐色，为自然干燥，在食用前泡水10分钟，再洗净即可；如黄花菜呈橙色，就表示经过硫黄处理，因此要清洗3次以上，每次10分钟，以退去硫黄味，食用时也较为安全。此汤品能滋阴补虚。

黄豆糙米鸡汤

人气指数：★★★☆
味型分类：鲜

/ 材料 /

鸡半只，黄豆120克，糙米120克

/ 调料 /

盐5克，葱末15克

/ 做法 /

1.将鸡剁成块状，汆烫后，洗干净备用。

2.将黄豆和糙米用清水洗干净，然后再浸泡40分钟左右。

3.在锅中加入黄豆和8碗水，用大火约煮30分钟。

4.加入糙米、鸡块，转小火煮至鸡肉软烂，加盐调味后撒入葱末即可。

大厨锦囊

此汤品属于高营养食品。其中的黄豆含有大量不饱和脂肪酸，可以有效降低血液的胆固醇浓度，还能健脾、润燥、消水肿；而黄豆素有"豆中之王"的美称，被中医列为药用食材。同时，鸡肉能起到补充营养、增强体质的作用。

老鸭猪肚汤

👍 人气指数：★★★★
🍲 味型分类：鲜

/ 材料 /

猪肚300克，老鸭1只

/ 调料 /

盐8克，味精少许，鸡精6克，胡椒粉5克，高汤适量，姜片15克

/ 做法 /

1. 把老鸭去毛、去内脏，切成适当大小的块状，再置入煮沸的开水中，氽烫至熟后，捞出备用。

2. 将猪肚清洗干净，再放入沸水中氽烫过后，捞出来切成条状备用。

3. 锅中放入高汤、老鸭、猪肚及姜片用小火煨煮4小时，再加入调味料即可。

🍴 大厨锦囊

猪肚表面的黏液要用盐巴搓洗干净；煮猪肚时，千万不能先放盐，应该等煮熟后再加盐，否则猪肚会缩紧，变得十分老硬难嚼。猪肚能补脾胃，对身体保健具有良好功效。老鸭也极具保健功效，与猪肚同煲汤，味美鲜甜。

淡菜萝卜豆腐汤

味型分类：鲜
人气指数：★★☆

/ 材料 /

豆腐200克，白萝卜180克，水发淡菜100克

/ 调料 /

盐、鸡粉各2克，料酒4克，香菜段、枸杞、姜丝各少许

/ 做法 /

1.萝卜洗净去皮，切丁；豆腐洗净切块。
2.砂锅中注水烧开，放入洗净的淡菜、萝卜、姜丝，淋料酒，煮至萝卜熟软。
3.放入洗净的枸杞、豆腐块，搅拌均匀，再加入盐、鸡粉调味，煮至食材熟透，淋入食用油续煮一会儿。
4.关火后盛出煮好的汤料，撒香菜即成。

🍴 **大厨锦囊**

淡菜含有多种维生素和矿物质，有调肝养血、降血压的功效，比较适合高血压病患者食用。白萝卜不仅可消食健脾，还有抗氧化，阻止脂肪沉积的功效。调味时转用大火，既可缩短烹饪时间，又能使汤汁更入味。

鲫鱼苦瓜汤

味型分类：鲜
人气指数：★★★★

/ 材料 /

鲫鱼1条，苦瓜150克

/ 调料 /

盐2克，鸡粉少许，料
酒3克，姜片少许

/ 做法 /

1.将苦瓜用清水洗净，去瓤，切成薄片，待用。
2.用油起锅，放入姜片爆香，再放入处理干净的
鲫鱼，用小火煎出焦香味，至两面断生，淋上料
酒、清水，加入鸡粉、盐，放苦瓜片煮熟。
3.盛出煮好的苦瓜汤即可。

🍴 **大厨锦囊**

鲫鱼含有蛋白质、脂肪和多种矿
物质，易于吸收，有和中开胃的
功效，适合糖尿病患者食用。苦
瓜清热解毒，可去除食物的油腻
感。煎鲫鱼时，油可以适量多放
一点，避免将鱼肉煎老了。此汤
品能清热排毒。

黄花菜鲫鱼汤

味型分类：鲜

人气指数：★★★☆

/ 材料 /

鲫鱼350克，水发黄花菜170克

/ 调料 /

盐3克，鸡粉2克，料酒10克，胡椒粉、姜片、葱花各少许

/ 做法 /

1. 将鲫鱼宰杀，处理干净。
2. 锅中注油烧热，加入姜片爆香，放入鲫鱼，煎出焦香味，盛出待用。
3. 锅中倒水，放入煎好的鲫鱼，淋入料酒，加适量盐、鸡粉、胡椒粉，倒入洗好的黄花菜，拌匀煮熟。
4. 把煮好的鱼汤盛出，撒上葱花即可。

🍴 大厨锦囊

鲫鱼含有蛋白质、维生素、矿物质等营养成分，可降低胆固醇和血液黏稠度，有降低血压的功效。鲜黄花菜不能食用，要先焯水，再用清水浸泡2小时，拧干即可。鲫鱼入锅前要把鱼身上的水擦干，以免溅出油。

富贵白头

🍲 人气指数：★★★★
🍲 味型分类：鲜

/ 材料 /

鲨鱼唇200克，猴头菇100克，猪肉200克，老母鸡100克，鸡爪5个

/ 调料 /

盐5克，姜片1片，陈皮1片，鸡汤500毫升

/ 做法 /

1.先将鲨鱼唇、老母鸡和猪肉用清水洗净，分切成块状。
2.在锅中放入鲨鱼唇、老母鸡和猪肉煮熟后捞出，沥干水分放入炖盅内。
3.在盅内加入其他的材料，再放入盐、姜片、陈皮，炖3小时即可。

🍳 大厨锦囊

猴头菇是一种贵重的良药，在古时就被当成补品，适合年老体弱者食用，具有滋补强身的作用，还能抗癌，因此有"山珍猴头，海味燕窝"的说法。但要切记，炖的时间一定要足够长，才能入味。此汤品是宴客菜中的良品。

红烧鳗鱼羹

● 人气指数：★★★☆
● 味型分类：酸甜

/ 材料 /

海鳗500克，白菜半棵，红薯粉240克

/ 调料 /

红糟30克，葱2根，姜3片，胡椒粉、白糖各2克，高汤1300毫升，酱油15毫升，柴鱼粉5克，水淀粉、乌醋各30毫升，香菜少许

/ 做法 /

1.海鳗洗净，剖开切粗条，放葱、姜、红糟、胡椒粉、白糖和水，腌约30分钟，再沾上红薯粉，下油锅炸至外皮酥脆。

2.把高汤、酱油、柴鱼粉煮开后，放入切块的大白菜，煮至菜软，再加入鱼块，略沸后用水淀粉勾芡，食用时再附上乌醋、香菜。

🍴 大厨锦囊

鳗鱼富含蛋白质、维生素和不饱和脂肪酸，可改善夜盲症。鳗鱼经过宰杀处理后，若没有立即烹调食用，可置入冰箱内冷藏，但一般只可保存7天左右，还是尽早食用为佳。此汤品能护眼、润肤。

佛跳墙

👐 人气指数：★★★★
🍲 味型分类：鲜

/ 材料 /

排骨250克，海参1条，笋1根，芋头1个，水发栗子、虾米、鱼翅、水发蹄筋各120克，香菇6朵，干贝5颗，大白菜3片

/ 调料 /

高汤700毫升，盐、红薯粉各适量

/ 做法 /

1.排骨腌过，沾红薯粉炸至金黄；芋头切块炸过；栗子炸过；香菇切半；海参泡发切块；笋切片；干贝泡水后蒸软。

2.爆香虾米后，加大白菜拌炒，再移入炖锅内，把所有材料都置入锅内，注入高汤、调味料，入蒸笼隔水蒸约2小时。

🍳 大厨锦囊

佛跳墙相传源于清道光年间，距今已有近两百年的历史，是一道远近驰名的中国菜，作为宴客汤品是再合适不过的。此道菜用了非常多的海鲜，味道浓香，非一般佳肴所能比拟，且营养丰富、中外驰名，更是宴席中必备的珍品。

泰式煲仔翅

人气指数：★★★★
味型分类：鲜

/ 材料 /

虾仁20克，干贝20克，鱼翅15克

/ 调料 /

乌醋10毫升，辣椒15克，高汤适量，鸡精10克，味精少许，盐8克

/ 做法 /

1.将虾仁挑去肠泥后洗净，沥干水分剁成泥，再用挤花袋挤成丝条。

2.干贝则剥成丝，和虾丝一起氽烫；鱼翅则煮熟备用。

3.将虾丝、干贝丝放入煲底，之后再放入煮熟的鱼翅。

4.将所有调味料煮成酱汁，淋在煲内即可。

🍴 大厨锦囊

此道汤品在制作时注意汤汁要又酸又辣，但不能太稠，入口香味四溢，又滑嫩。鱼翅主要是由胶原蛋白组成，极富营养价值，能润肤养颜，对于防癌、抗肿瘤也有很好的功效。此汤品不仅外观精美，而且极具营养价值。

西蓝花蟹肉羹

🍴 人气指数：★★★☆
🍲 味型分类：鲜

/ 材料 /

西蓝花1棵，蟹肉棒5条，香菇6朵

/ 调料 /

淀粉45克，高汤1700毫升，盐3克，香油3毫升，米酒5毫升

/ 做法 /

1.西蓝花洗净后，切小朵，用滚水汆烫过，取出冲冷水，沥干备用。

2.将蟹肉棒撕成丝状，香菇切丝，淀粉调入50毫升的水备用。

3.在锅中加入高汤烧开后，放入香菇、蟹肉棒和西蓝花，稍煮片刻，再以水淀粉勾芡后，加入剩下的调味料，淋上米酒，滴入香油即可。

🍳 大厨锦囊

西蓝花的维生素C含量很高，具有护肤、抗癌、消除疲劳、预防高血压和糖尿病的功效。而西蓝花要选花冠紧密结实的，质量是最好的，不要买松散零落的。此汤品适合老年人食用，有滋补、调理身体的作用。

主
菜

PART4

主 菜是宴客菜中的重头戏。经过上一道汤品的暖身，味蕾都已极度兴奋，蠢蠢欲动，准备大快朵颐。主菜可荤可素，材料包含蔬菜、肉类、海鲜等。每道菜品都别具风味、秀色可餐。相互搭配得宜，必能让客人胃口大开，让宴席完美无缺。

杏鲍菇扣西蓝花

- 人气指数：★★★★
- 味型分类：鲜

/ 材料 /

杏鲍菇120克，西蓝花300克

/ 调料 /

盐5克，鸡粉2克，蚝油8克，陈醋6毫升，生抽、水淀粉各5毫升，料酒10克，白芝麻、姜片、葱段各少许

/ 做法 /

1. 杏鲍菇洗净，切片，焯水。
2. 西蓝花洗净，切块，入沸水中焯煮后捞出，摆在盘子周边。
3. 用油起锅，入姜片、葱段爆香，入杏鲍菇、料酒炒匀，加水、生抽、蚝油、盐、鸡粉、陈醋炒匀，勾芡后盛出，放入用西蓝花围边的盘中，撒上白芝麻即可。

🍲 大厨锦囊

杏鲍菇含有蛋白质、维生素及多种矿物质，可以提高机体免疫功能，具有降血压、润肠胃等功效，适合高血压病患者食用。西蓝花具有抗癌功效，焯水的时间不宜太长，以免影响其脆嫩口感和破坏营养价值。

香菇扒茼蒿

👍 人气指数：★★★☆
😋 味型分类：鲜

/ 材料 /

茼蒿200克，香菇50克，彩椒片少许

/ 调料 /

盐3克，鸡粉2克，料酒8克，蚝油8克，老抽2毫升，水淀粉5毫升，姜片、葱段各少许

/ 做法 /

1.香菇泡发，洗净，切块；茼蒿去根部，洗净。

2.锅中注水烧开，倒入食用油、盐，分别将茼蒿、香菇焯水，捞出待用。

3.用油起锅，入彩椒片、姜片、葱段、香菇炒匀，淋料酒，加水、盐、鸡粉、蚝油、老抽，煮沸，倒入水淀粉炒匀。

4.关火后盛出香菇，放在茼蒿上即可。

🍳 **大厨锦囊**

香菇含有麦甾醇，可在体内转化为维生素D，能增强机体的抵抗力。此外，有降低胆固醇、降血压的功效。茼蒿富含维生素和矿物质，有降压补脑的功效。香菇本身带有鲜味，可以少放鸡粉等调味料。这道主菜色香味俱全，营养充足。

胡萝卜炒木耳

人气指数：★★★☆
味型分类：蒜香

/ 材料 /

胡萝卜100克，水发木耳70克

/ 调料 /

盐3克，鸡粉4克，蚝油10克，料酒5克，水淀粉7毫升，葱段、蒜末各少许

/ 做法 /

1. 木耳洗净，切块，焯水；胡萝卜洗净，去皮，切片，焯水。

2. 用油起锅，放入蒜末爆香，倒入木耳和胡萝卜，淋入料酒，放入蚝油炒至八成熟，加入盐、鸡粉炒匀调味，倒入水淀粉勾芡，撒上葱段，炒至食材熟透、入味。

3. 关火后盛出炒好的食材即成。

🍲 大厨锦囊

胡萝卜含有糖类、多种维生素和矿物质，有健脾和胃、保护视力的作用，常吃能维持正常血糖。木耳具有清涤肠胃，抗癌的功效。将胡萝卜放入沸水中焯煮，既可以缩短炒制的时间，还能保持其色泽。此菜品能滋阴润燥。

椒盐脆皮小土豆

人气指数：★★★☆
味型分类：椒香

/ 材料 /

小土豆350克

/ 调料 /

盐2克，鸡粉2克，辣椒油6毫升，蒜末、辣椒粉、葱花、五香粉各少许

/ 做法 /

1. 小土豆去皮，洗净。
2. 热锅注油烧热，放入小土豆，炸至熟透，捞出沥干油。
3. 锅底留油，放入蒜末爆香，倒入小土豆，加入五香粉、辣椒粉、葱花炒香，放盐、鸡粉，淋入辣椒油炒匀调味。
4. 关火后将锅中的食材盛出即可。

🍴 大厨锦囊

土豆含有人体需要的蛋白质、维生素和微量矿元素，但是脂肪含量极低。土豆的膳食纤维让人产生饱腹感的同时，补充了人体的需要，又不会让人发胖，是减肥人群的优选食物。炸土豆时油温不宜过高，以免炸焦。

西红柿肉末蒸豆腐

👍 人气指数：★★★☆
🥘 味型分类：鲜

／ 材料 ／

西红柿、日本豆腐、肉末各80克

／ 调料 ／

盐3克，鸡粉2克，料酒3克，生抽
4毫升，水淀粉适量，葱少许

／ 做法 ／

1.日本豆腐洗净，切棋子状小块；西红柿洗净去
皮，切丁；葱洗净，切花。
2.用油起锅，入肉末炒匀，加料酒、生抽、盐、
鸡粉炒匀，入西红柿，水淀粉勾芡，制成酱料。
3.将日本豆腐摆放在蒸盘上，再铺上酱料，放入
烧开的蒸锅，大火蒸熟透后取出，趁热撒上葱
花，浇上热油即可。

🍲 **大厨锦囊**

西红柿中含有维生素C、柠檬酸和糖类等营养物质，有增加胃液酸度、帮助消化、
调整胃肠功能的作用。豆腐含有卵磷脂和人体必需的多种氨基酸，有益于大脑的发
育。切西红柿前要将西红柿的表皮去除，以免影响口感。

草菇烩芦笋

🍲人气指数：★★★★
🍲味型分类：鲜

/材料/

芦笋170克，草菇85克，胡萝卜片少许

/调料/

盐2克，鸡粉2克，蚝油4克，料酒3克，水淀粉、姜片、蒜末、葱白各少许

/做法/

1.草菇洗净，切成小块，焯水；芦笋洗净去皮，切成段，焯水。

2.用油起锅，放入胡萝卜片、姜片、蒜末、葱白爆香，倒入草菇、芦笋，淋入料酒，炒匀提味，放入蚝油、盐、鸡粉，炒至食材熟软，倒入水淀粉勾芡。

3.关火后盛出炒好的食材即成。

🍴 大厨锦囊

芦笋含有蛋白质、维生素、矿物质。此外，芦笋还含有天门冬酰胺，可提高人体的抗病能力。儿童经常食用芦笋，还有益脾胃、消积食等功效。蚝油的味道较重，因此加入的盐不可太多，以免菜肴太咸了。

莴笋炒百合

人气指数：★★★☆
味型分类：鲜

/ 材料 /

莴笋150克，洋葱80克，百合60克

/ 调料 /

盐3克，鸡粉、水淀粉、芝麻油各适量

/ 做法 /

1.洋葱去皮洗净，切块；莴笋去皮洗净，切成片，焯水；百合洗净，焯水。

2.用油起锅，放入洋葱块炒香。倒入莴笋片和百合，加入盐、鸡粉炒匀调味，倒入水淀粉勾芡，淋入芝麻油，炒至食材熟软、入味。

3.关火后，将炒好的食材盛入盘中，摆好即成。

🍴 大厨锦囊

百合含有蛋白质、矿物质和多种维生素等营养物质，具有养心安神、润肺止咳的功效。莴笋具有增进食欲，改善消化系统和肝脏的功能。因为百合味道清甜，所以在调味时，不宜加入白糖，以免影响菜肴的口感。

蒜香蒸南瓜

● 人气指数：★★★
● 味型分类：蒜香

/ 材料 /

南瓜400克，蒜末25克

/ 调料 /

盐2克，鸡粉2克，生抽
4毫升，芝麻油2毫升，
香菜、葱花各少许

/ 做法 /

1.南瓜洗净去皮，切厚片，摆放在盘中。
2.把蒜末装入碗中，放入盐、鸡粉，淋入生抽、食
用油、芝麻油拌匀，调成味汁，浇在南瓜片上。
3.把南瓜放入烧开的蒸锅中，用大火蒸至熟透。
4.取出蒸好的南瓜，撒上葱花、香菜点缀，浇上
热油即可。

🍲 大厨锦囊

南瓜含有蛋白质、膳食纤维、多
种维生素和矿物质，可预防便
秘，能促进排除体内的钠，抑制
脂肪的吸收，有利于降血压，适
合高血压病患者食用。南瓜蒸的
时候要掌握好时间和火候，蒸烂
了就容易影响到口感。

味型分类：辣

人气指数：★★★★★

虾米韭菜炒香干

/ 材料 /

韭菜130克，香干（豆干）100克，彩椒40克，虾米20克，白芝麻10克

/ 调料 /

盐2克，鸡粉2克，料酒10克，生抽3毫升，水淀粉4毫升，豆豉、蒜末各少许

/ 做法 /

1.彩椒洗净切条；韭菜择净，切段；香干洗净切条，入锅炸香，捞出沥干油。

2.锅底留油，放入蒜末爆香，倒入虾米、豆豉炒香，放入彩椒，淋入料酒炒匀，倒入韭菜、香干，加盐、鸡粉、生抽调味，倒入水淀粉炒匀。

3.盛出炒好的菜肴，撒上白芝麻即可。

🦞 大厨锦囊

韭菜含有膳食纤维、多种维生素及矿物质，能促进肠管蠕动，加速排出机体废物，对高血压有食疗作用。虾米富含钙和优质蛋白，能补充人体所需的钙质。虾米可以先用温水泡一会儿再炒，可以使菜肴口感更佳。

荷兰豆炒豆芽

● 人气指数：★ ★ ★ ☆
● 味型分类：鲜

/ 材料 /

黄豆芽100克，荷兰豆100克，胡萝卜90克

/ 调料 /

盐3克，鸡粉2克，料酒10克，水淀粉适量，蒜末、葱段各少许

/ 做法 /

1.胡萝卜洗净，去皮，切片；荷兰豆、黄豆芽均洗净。

2.锅中注水烧开，加入盐、食用油，入胡萝卜、荷兰豆、黄豆芽焯好，捞出沥干。

3.用油起锅，放入蒜末、葱段爆香，倒入所有食材，淋入料酒调味，加鸡粉、盐炒匀，倒入水淀粉勾芡，装盘即可。

🍲 大厨锦囊

黄豆芽含有膳食纤维、B族维生素、维生素C等营养成分，可以降低胆固醇含量，有助于降低血压，适合高血压病患者食用。荷兰豆能促进新陈代谢，预防便秘，食用时可将筋剥掉，这样会使荷兰豆的口感更佳。

菊花烩素

人气指数：★★★★
味型分类：鲜

/ 材料 /

白灵菇2朵，豆腐2块，大白菜250克，大鸡腿菇的菇帽1个

/ 调料 /

高汤500毫升，浓缩鸡汁3毫升，鸡精2克，蚝油适量，盐、胡椒粉、水淀粉各少许

/ 做法 /

1.将大白菜切条、白灵菇切块，取一半高汤，加浓缩鸡汁、鸡精、盐，将大白菜、白灵菇与鸡腿菇帽一起放入汤中煲熟。

2.豆腐切成小块，上炉蒸熟，用白灵菇在白菜上摆成菊花，中间放上鸡腿菇帽，豆腐围在白灵菇外，将剩下的全部煮成味汁，用水淀粉勾芡，淋上即可。

大厨锦囊

白灵菇是一种食用和药用价值都很高的珍稀食用菌，其菇体色泽洁白、肉质细腻、味道鲜美。白灵菇具有一定的医药价值，有消积、杀虫、镇咳、消炎和防治妇科阴道肿瘤等功效。此道菜品能开胃消食，颇有健康益处。

雪菜豆瓣酥

● 人气指数：★★★☆
● 味型分类：咸

/ 材料 /

雪菜（雪里蕻）200克，豌豆瓣50克，红椒10克

/ 调料 /

盐6克，味精少许

/ 做法 /

1. 将新鲜的豌豆瓣煮熟后，制成豆瓣泥；将雪菜、红椒分别切碎炒熟。
2. 取出大碗一个，先铺一点红椒末，再将雪菜整齐地摆放在碗底。
3. 将豆瓣泥加盐、味精，下锅炒熟，之后放入装有红椒末、雪菜的碗，压实。
4. 备一个干净的盘，将碗中食材倒扣出来即可。

🍳 大厨锦囊

炒菜时，如雪菜太咸，就应少放一点盐。雪菜含有丰富的膳食纤维，可促进肠胃蠕动，防止便秘，而豌豆富含蛋白质、脂肪、B族维生素及维生素C，可以美肤、开胃。此菜品外观精美，又能起到一定调理功效。

用心良苦

人气指数：★★★☆
味型分类：咸

/ **材料** /

苦瓜2条，咸鸭蛋8个

/ **调料** /

盐5克，味精10克，淀粉少许，香油10毫升

/ **做法** /

1. 将苦瓜洗净、去籽、切段，放入沸水中汆烫后，捞出沥干水分。

2. 将咸鸭蛋置入锅中，用滚水煮熟后，除去蛋白，只留下蛋黄的部分，然后把蛋黄捏碎成粉状，填塞入苦瓜段中。

3. 撒上盐和味精，入蒸锅蒸5分钟左右，再用淀粉勾芡，淋上香油后，装盘即可。

🍳 **大厨锦囊**

咸鸭蛋的蛋壳呈现青色，富含脂肪、蛋白质，优质的咸鸭蛋咸度适中、味道鲜美；在挑选咸鸭蛋时，可以对着光源瞧，好的蛋黄会呈现橘红色，而且形状浑圆，蛋黄会靠向一边，蛋白透明。此道菜品色香味俱全，营养也全面。

粉丝蒸大白菜

人气指数：★★★☆
味型分类：蒜香

/ 材料 /

粉丝200克，大白菜100克，蒜蓉20克，枸杞15克

/ 调料 /

盐5克，味精3克，香油10毫升

/ 做法 /

1. 将粉丝洗净泡发，枸杞洗净，大白菜洗净后，切成大片备用。
2. 将大片的大白菜垫在盘上，再将泡发的粉丝、蒜蓉、盐及味精置于大白菜上。
3. 再将备好的材料入蒸锅蒸10分钟左右取出，再淋上香油即可。

🍳 大厨锦囊

粉丝一定要泡到全发，否则蒸出来的口感会很干；粉丝有助于减肥，不是因其热量低，而是因为它吸水膨胀度高，能有饱足感，大概可以吸收比一般面食类多2～3倍体积的水分。用白菜搭配粉丝做菜，能开胃消食。

蒜末粉丝娃娃菜

人气指数：★★★★
味型分类：蒜香

/ 材料 /

娃娃菜500克，粉丝100克

/ 调料 /

大蒜50克，红椒30克，葱20克，
盐4克，鸡精2克，高汤适量

/ 做法 /

1.粉丝泡发洗净，装盘；红椒、葱洗净，切末。
2.娃娃菜洗净，切四瓣，置于粉丝上。
3.蒜去皮，洗净切末，撒在娃娃菜上。
4.将盐和鸡精加入高汤中，调匀，淋在娃娃菜和蒜末上。
5.将娃娃菜放入蒸锅蒸10分钟，出锅时撒上葱和红椒末即可。

大厨锦囊

娃娃菜又称为微型大白菜，是从国外引进的一款蔬菜新品种，近几年在国内受到相当的青睐。娃娃菜非常适合体质虚弱的人食用，能起到益胃生津、除烦解渴、利尿通便、清热解毒等多种功效。本道菜品滋味鲜甜，适当食用有益。

爆炒包菜

- 人气指数：★★★★
- 味型分类：辣

/ 材料 /

包菜300克，干辣椒30克

/ 调料 /

老抽10克，盐2克，鸡精1克

/ 做法 /

1.将包菜洗净，切片。
2.干辣椒洗净，切段。
3.净锅上火，倒入适量油烧热，放入干辣椒爆香，再倒入包菜快炒至熟。
4.加少许老抽、盐、鸡精调味，稍炒，即可起锅装盘。

大厨锦囊

包菜是生活中常见的一种蔬菜，不管是哪一品种，都受到广大老百姓的喜爱。别看包菜只是普通的日常食材，却具有相当的药用功效。包菜中含有维生素C、叶酸和钾元素等，有益身心。本道菜品能起到滋阴补虚、增强体质的作用。

芙蓉云耳

人气指数：★★☆
味型分类：鲜

/ 材料 /

干黑木耳250克，鸡蛋4个

/ 调料 /

盐、味精各适量

/ 做法 /

1.将鸡蛋中的蛋清取出打散，加入一点油，使其更容易打散滑顺。

2.将黑木耳用水浸泡约1小时，待其泡发后，清洗干净，再用滚水略为氽烫后捞起，沥干水分。

3.在锅中热一点油，加入黑木耳、蛋清、盐、味精调味，炒匀即可盛盘上桌。

🍴 大厨锦囊

黑木耳胶体有巨大的吸附力，具有洗胃作用，因此是从事冶金、采矿、纺织及理发业的保健食品。另外，黑木耳还有益气强身、活血止痛之功效，但选购时要挑小朵的，像耳朵一样大小最好。此道菜品能滋阴润燥、益气补虚。

一品豆腐

人气指数：★★★★
味型分类：鲜

/ 材料 /

日本豆腐300克，西蓝花50克，咸蛋黄1个，牛奶20毫升

/ 调料 /

椰浆30毫升，牛油10克，咖喱粉10克，盐5克，砂糖15克，鸡精15克，番茄酱30毫升，淀粉30克

/ 做法 /

1.将日本豆腐用模具，或者直接用刀切成小圆形后，均匀地裹上淀粉。

2.将锅中的油烧热后，放入裹好淀粉的豆腐炸至呈现金黄色，捞起沥干油，装盘，中间摆上咸蛋黄，西蓝花下入沸水中汆烫至熟后装盘。

3.将所有调味料倒入锅中煮开，淋在炸好的豆腐上即可。

🔪 大厨锦囊

日本豆腐是以鸡蛋为原料精制而成的，既有豆腐的顺滑鲜嫩又有鸡蛋的美味清香，所以在煎炸时，易破碎，但只要先把日本豆腐放到冷冻库冷冻约5分钟，就可以解决这个问题了。

京酱菠菜

🍲 人气指数：★★★★
🍵 味型分类：甜

/ 材料 /

菠菜600克，鸡蛋40克，豆腐皮50克，肉丝50克

/ 调料 /

甜面酱20克，蚝油3克，盐2克，水淀粉4毫升，白糖2克，鸡粉2克，葱花少许

/ 做法 /

1. 豆腐皮入开水中去除豆腥味；鸡蛋打散成蛋液；肉丝加盐、水淀粉拌匀，腌渍10分钟。
2. 菠菜洗净切段，入沸水中汆煮至断生，捞出。
3. 煎锅加油、盐烧热，倒入蛋液，摊成蛋皮，切丝。
4. 热锅注油烧热，倒入肉丝炒至转色，倒入葱花、甜面酱、蚝油炒匀，加清水炒匀，加白糖、鸡粉调味，盛出待用。
5. 豆腐皮装盘，放上菠菜、蛋皮、肉丝，卷好，压实，装盘即可。

🍴 大厨锦囊

菠菜含有蛋白质、灰分、维生素、叶酸、膳食纤维等成分，具有益气补血、增强免疫、促进食欲等功效。

拔丝红薯莲子

味型分类：甜
人气指数：★★★★★

/ 材料 /

红薯150克，水发莲子90克

/ 调料 /

白糖35克

/ 做法 /

1. 将红薯洗净去皮，切丁；莲子去芯，待用。
2. 热锅注油烧至四五成热，放入红薯块，搅拌，炸约1分钟，加入莲子，搅拌，再炸约半分钟。
3. 把过油后的食材捞出，沥干油分。
4. 锅中注入适量清水，放入白糖，搅拌，中火煮至溶化，熬煮成色泽微黄的糖浆。
5. 倒入红薯和莲子，翻炒均匀后盛出装盘，拔出丝即可。

🍴 大厨锦囊

红薯含有蛋白质、淀粉、果胶、纤维素、氨基酸、维生素及多种矿物质，具有补中和血、益气生津等功效。装盘后，要趁热，用筷子夹起红薯块，才会有拔丝的效果。

兔肉萝卜煲

味型分类·五香
人气指数：★★★
★★☆

/ 材料 /

兔肉、白萝卜各500克

/ 调料 /

盐2克，料酒10克，生
抽10毫升，香叶、八
角、草果、姜片、葱段
各少许

/ 做法 /

1.白萝卜洗净去皮，切成小块；兔肉收拾干净，
汆水。
2.用油起锅，入姜片、葱段爆香，入兔肉炒匀，
放香叶、八角、草果，淋料酒、生抽略炒，加水
煮沸，放入白萝卜焖熟。
3.将锅中食材转入砂锅，放入盐搅匀入味，大火
加热，取下砂锅，放入葱段即可。

🍴 **大厨锦囊**

白萝卜含有B族维生素、蛋白
质、香豆酸、芥子油和淀粉酶等
营养成分，其中香豆酸能够降低
血糖，促进脂肪的代谢，适合糖
尿病和肥胖症患者食用。兔肉要
汆久一些，才能去除腥味。此道
菜品滋补作用极佳。

顺风顺水

👐 人气指数：★★★★
🍲 味型分类：卤香

／材料／

猪耳朵1块

／调料／

虾味酱油适量，老卤200毫升，红油20毫升，蒜15克，葱15克，芝麻适量

／做法／

1.将猪耳朵清洗干净后，放入老卤中卤到软烂后取出放凉；把蒜去皮剁成蒜蓉，葱则细切成葱花。

2.将蒜蓉、葱花、红油及虾味酱油调拌成酱汁，备用。

3.将猪耳朵切片后摆装成盘，淋上拌好的酱汁，撒上芝麻，即可上桌。

🍽 **大厨锦囊**

猪耳朵的营养丰富，经常食用，可以起到美容养颜的作用，而且其风味独特，非常适合当宴客菜。猪耳朵这部分大多是连着猪头皮一起卖的，买回来后必须先汆烫过，再用鬃刷刷洗去脏污及表面黑皮后，再把毛拔干净。

灵芝猪舌

👐 人气指数：★★★
👐 味型分类：卤香

/ 材料 /

猪舌300克，灵芝15克，八角、桂皮、小茴香、丁香、芫荽籽、干沙姜各少许

/ 调料 /

老抽2毫升，生抽5毫升，料酒4克，白糖4克，盐2克

/ 做法 /

1.锅中注水烧开，放入猪舌氽煮片刻，捞出，再入清水浸泡片刻，捞出，刮去舌苔，装盘待用。

2.砂锅注水烧热，放入灵芝、八角、桂皮、小茴香、丁香、芫荽籽、干沙姜拌匀，大火煮约10分钟至析出有效成分，放入猪舌，加老抽、生抽、料酒、白糖、盐，小火煮约45分钟至食材熟透。

3.捞出猪舌放凉，切薄片，摆盘，浇卤汁即可。

👨‍🍳 大厨锦囊

猪舌含有丰富的蛋白质、维生素A、烟酸、铁、硒等营养元素，具有滋阴润燥、益气补血、保肝护肾等功效。煮猪舌的时候，水要一次性加足，中途不宜加水。

乡村腊肉

人气指数：★★★☆
味型分类：辣

/ 材料 /

腊肉500克，荷兰豆50克，青椒、红椒各1个

/ 调料 /

盐、味精各少许

/ 做法 /

1. 将腊肉洗净，在温水中浸泡2小时后，用水煮熟，取出切片，备用；青椒、红椒切成片。

2. 将荷兰豆汆烫后取出；然后将腊肉、荷兰豆、青椒、红椒一起过油。

3. 油烧热后，放入腊肉、荷兰豆、青椒、红椒，加入盐、味精炒入味，装盘即可。

🍲 大厨锦囊

腊肉中含有丰富的脂肪、蛋白质、钾、钠、磷，但是胆固醇含量也很高；因此，建议老年人少食，肠胃溃疡患者则不能食用。而且因为腊肉已熟，所以用大火快炒加热就可以了。此道菜品操作简单，颜色鲜艳，滋味清爽。

蒜香白切肉

👃人气指数：★★★☆
🍲味型分类：蒜香

/ 材料 /

带皮五花肉250克

/ 调料 /

姜片、酱油、味精、麻油、辣椒油、蒜泥各适量

/ 做法 /

1.五花肉洗净，切薄片。
2.将五花肉放入开水中氽烫后捞出沥干，装盘，放入蒸锅里蒸熟，取出。
3.油锅烧热，加入酱油、姜片、蒜泥、辣椒油、味精、麻油煮成酱汁。
4.将酱汁淋在肉片上即可。

🍴 大厨锦囊

白切肉的肉质细嫩，肥而不腻，一般喜欢与凉拌酱油配伍，佐餐食用，鲜美绝伦。白切肉中含有多种维生素，又含有钙、磷、钠、镁等多种矿物质，是营养极佳的食材。本道菜品肉香诱人，又极具营养价值，非常适合作为宴客菜品使用。

梅干菜卤肉

🍵 人气指数：★ ★ ★
🍵 味型分类：五香

/ 材料 /

五花肉250克，梅干菜150克

/ 调料 /

八角2个，桂皮10克，卤汁15毫升，盐、鸡粉各1克，生抽、老抽各5毫升，冰糖适量，姜片少许

/ 做法 /

1.洗好的五花肉切块，入沸水中余煮一会儿至去除血水及脏污，捞出，沥干水分，装盘待用。

2.热锅注油，倒入冰糖拌匀至成焦糖色，注入适量清水，放入八角、桂皮、姜片、五花肉，加老抽、卤汁、生抽、盐，加盖，大火煮开后转小火卤30分钟至五花肉熟软。

3.揭盖，倒入切段的梅干菜，注入少许清水，加盖，续卤20分钟至食材入味。

4.揭盖，加入鸡粉拌匀，盛出装盘，摆上香菜点缀即可。

🍳 大厨锦囊

梅干菜含有蛋白质、纤维素、氨基酸、钙、磷及多种维生素等营养成分，具有解暑热、洁脏腑、消积食、治咳嗽、生津开胃等功效。喜欢偏辣口味的话，可加入干辣椒爆香。

五花肉蒸咸鱼

👍 人气指数：★★★☆
🥘 味型分类：咸

/ 材料 /

五花肉350克，咸鱼100克

/ 调料 /

盐2克，鸡粉2克，生粉7克，生抽15毫升，姜丝、葱花各少许

/ 做法 /

1.五花肉洗净切块，加鸡粉、盐、生抽、生粉、食用油腌渍；咸鱼洗净，切块。

2.煎锅中倒油烧热，倒入咸鱼块煎出焦香味，夹出装盘。

3.五花肉放入蒸盘中，再铺上咸鱼，撒上姜丝，将蒸盘放入烧开的蒸锅中，大火蒸至熟透后取出，淋生抽，撒葱花即可。

🍴 **大厨锦囊**

五花肉富含优质蛋白质和必需脂肪酸，可以增强食欲，预防缺铁性贫血，有增强免疫力的功效，对热病伤津、肾虚体弱、产后血虚、燥咳等有食疗作用。咸鱼煎制的时间不宜过久，以免煎得过老，反而影响口感。

东坡肉

👍 人气指数：★★★★
😋 味型分类：甜

/ 材料 /

五花肉1000克，大葱段30克，生菜叶20克

/ 调料 /

盐2克，冰糖、红糖、老抽各适量

/ 做法 /

1. 锅中注水，放入洗好的五花肉汆去血水，捞出，抹老抽上色，再入油锅略炸，捞出，切成小方块，装盘备用。
2. 锅底留油，加冰糖、红糖、老抽、清水，放入大葱，煮至糖溶，加盐，放入肉块，焖煮收汁。
3. 生菜叶洗净垫于盘底，放入东坡肉，浇上汤汁即成。

🍲 大厨锦囊

五花肉富含的铜是人体健康不可缺少的微量元素，对于血液、神经、免疫系统的发育和功能有重要作用。五花肉富含的脂肪能保护内脏、提供人体必需脂肪酸。切五花肉时，将其切成厚度一致的肉块，吃起来口感更佳。

莲花酱肉丝

👋 人气指数：★★★★
🍴 味型分类：甜

/ 材料 /

肉丝250克，豆皮30克，胡萝卜丝50克，蛋清15克，黄瓜丝50克

/ 调料 /

葱花10克，盐2克，水淀粉4毫升，料酒5克，白糖3克，鸡粉2克，甜面酱10克

/ 做法 /

1. 肉丝装碗，加盐、蛋清、水淀粉、料酒搅匀，腌渍5分钟。
2. 热锅注油烧热，倒入肉丝，翻炒至转色，放入甜面酱，注入少许清水，炒匀，加白糖、鸡粉调味，倒入少许水淀粉，搅匀收汁，盛出待用。
3. 豆皮入开水中浸泡，去除豆腥味，捞出，铺在砧板上，放上黄瓜丝、胡萝卜丝，卷成卷。
4. 将蔬菜卷切段，摆盘，倒肉丝，撒葱花即可。

🍲 **大厨锦囊**

胡萝卜含有蔗糖、葡萄糖、淀粉、胡萝卜素、矿物质等成分，具有增强免疫力、保护视力、开胃消食等功效。肉丝不宜炒制过久，以免影响其口感。

酱汁狮子头

味型分类：鲜

人气指数：★★★★

/ 材料 /

肉末700克，生粉20克，柱侯酱20克

/ 调料 /

蒜末、姜末各15克，葱花10克，白糖、胡椒粉各1克，蚝油10克，料酒、水淀粉各5克，生抽7毫升，芝麻油1毫升，十三香适量

/ 做法 /

1. 往肉末中加入十三香、蒜末、姜末、葱花、料酒、生抽、白糖、蚝油、生粉拌匀。

2. 热锅注油烧五成热，将肉末挤成肉丸放入，炸5分钟左右至焦黄，捞出，沥干油分，装盘待用。

3. 另起锅注油，倒入蒜末、姜末、柱侯酱，拌匀，加入生抽、清水，倒入狮子头，加入蚝油、胡椒粉，大火焖约5分钟至入味，盛出装盘。

4. 往锅中汁液加入水淀粉、芝麻油、植物油拌匀，制成酱汁，浇在狮子头上，撒葱花即可。

🍲 大厨锦囊

猪肉含有蛋白质、脂肪酸、碳水化合物、维生素B$_1$、铁、锌等营养成分，具有补肾养血、滋阴润燥、补中益气等功效。挤出的肉丸在手中反复摔打，可使肉丸富有黏性，烹饪途中不易破损。

洋葱排骨煲

人气指数：★★★☆

味型分类：甜

/ 材料 /

排骨300克，洋葱60克，胡萝卜80克

/ 调料 /

盐2克，白糖2克，生抽10毫升，
料酒18克，水淀粉5毫升，蒜末、
葱花各少许

/ 做法 /

1.洋葱、胡萝卜去皮洗净，切成块；排骨洗净，
氽水。

2.用油起锅，入蒜末爆香，倒入胡萝卜、排骨炒
匀，淋生抽、料酒提鲜，加盐、白糖、清水，焖
至排骨熟软。

3.入洋葱、老抽稍焖，勾芡后盛出，装入砂煲中
烧热，撒上葱花即可。

🍲 **大厨锦囊**

洋葱含有膳食纤维、多种维生素和矿物质，有润肠健脾、理气和胃、发散风寒的功
效，常食有助于降低血压。排骨营养丰富，能缓解缺铁性贫血，氽好的排骨可以用
温水冲洗一下，这样可以更好地去除杂质，还不会破坏口感。

椒盐排骨

👐 人气指数：★★★☆
🥄 味型分类：椒香

/ 材料 /

排骨500克，红椒15克

/ 调料 /

料酒8克，生抽、吉士粉、嫩肉粉、面粉、味椒盐、鸡粉、盐各适量，蒜末、葱花各少许

/ 做法 /

1. 红椒洗净去籽，切粒。
2. 排骨洗净，斩段，加嫩肉粉、盐、鸡粉、生抽、料酒、吉士粉、面粉拌匀腌渍，再入锅炸至熟透，捞出备用。
3. 锅留底油，倒入蒜末、红椒粒、葱花炒香，放入排骨，淋入料酒，再加入味椒盐和鸡粉，把锅中的食材翻炒至入味，盛出装盘即可。

🍲 大厨锦囊

排骨营养丰富，蛋白质和胆固醇含量高，是人们最常食用的动物性食品之一。儿童经常适量食用，可促进智力的提高。在制作酥炸菜肴时，加入大量的吉士粉，可以增加菜肴的色泽和松脆感，但会掩盖原料的本味，因此加入吉士粉要适量。

酱烧猪蹄

👍 人气指数：★★★★
🍲 味型分类：酱香

/ 材料 /

猪蹄400克

/ 调料 /

盐3克，料酒3克，白醋、糖色、鸡粉、味精、白糖各适量，葱条、蒜片、姜片各少许

/ 做法 /

1.锅中倒水烧开，倒入洗净切好的猪蹄，加入白醋，汆煮片刻后捞出，加入糖色，抓匀上色，再入油锅略炸，捞出沥油。

2.锅底留油，倒入姜片、蒜片、葱条爆香，倒入猪蹄，淋料酒，加糖色、清水，拌煮片刻。

3.加盐、味精、白糖、鸡粉炒匀调味，小火收汁，再盛出装盘即成。

🧑‍🍳 大厨锦囊

猪蹄营养很丰富，含较多的蛋白质，特别是含有大量的胶原蛋白质。常食猪蹄可使皮肤丰满、润泽，还能强体增肥，是体质虚弱及身体瘦弱者的食疗佳品。可以用牙签在猪蹄上扎孔，更利于入味，且比较容易熟烂。

招财猪手

- 人气指数：★★★☆
- 味型分类·五香

/ 材料 /

猪蹄块1000克，上海青100克

/ 调料 /

盐、鸡粉各3克，白糖20克，料酒20克，生抽、老抽、水淀粉、八角、桂皮、红曲米、葱条、姜片、香菜各少许

/ 做法 /

1. 上海青洗净，对半切，焯水；猪蹄洗净，汆水；香菜洗净。
2. 用油起锅，入姜片、葱条爆香，撒白糖炒化，入猪蹄块炒至上色，入八角、桂皮、红曲米、料酒炒香，入老抽、生抽、盐、鸡粉、水，烧开后焖熟，勾芡后盛出，用上海青围边，点缀上香菜即成。

🍴 大厨锦囊

猪蹄含有丰富的胶原蛋白质，脂肪含量也比肥肉低，它能防治皮肤干瘪起皱、增强皮肤弹性和韧性，对延缓衰老和促进新陈代谢等都有积极的意义。焯煮上海青时可以加入少许鸡粉，这样能减轻菜根的涩味，改善口感。

韭菜炒牛肉

味型分类：辣

人气指数：★★★ ★★☆

/ 材料 /

牛肉200克，韭菜120克，彩椒35克

/ 调料 /

盐3克，鸡粉2克，料酒4克，生抽5毫升，水淀粉10毫升，姜片、蒜末各少许

/ 做法 /

1.韭菜洗净，切段；彩椒洗净，切粗丝；牛肉洗净，切丝，加料酒、盐、生抽、水淀粉、食用油腌渍。

2.用油起锅，倒入肉丝炒至变色，放入姜片、蒜末炒香，倒入韭菜、彩椒炒至熟软，加盐、鸡粉、生抽，炒至食材入味。

3.关火后盛出炒好的菜肴，装盘即成。

🍴 大厨锦囊

韭菜富含维生素和膳食纤维，有益脾健胃，促进肠道蠕动的作用。此外，韭菜还含有挥发性精油，有降低血糖值的作用。牛肉可补充人体所需的铁质，改善缺铁性贫血。

土豆炖牛腩

人气指数：★★★★
味型分类：酱香

/材料/

熟牛腩100克，土豆120克，红椒块30克

/调料/

盐、鸡粉各2克，料酒4克，豆瓣酱、生抽、水淀粉各适量，蒜末、姜片、葱段各少许

/做法/

1.土豆洗净去皮，切丁；熟牛腩切成块。
2.用油起锅，倒入姜片、蒜末、葱段爆香，放入牛腩，加入料酒、豆瓣酱炒匀，放入生抽，加清水，倒土豆丁，加盐、鸡粉调味，小火炖熟，放入红椒块，倒入水淀粉勾芡。
3.关火后装盘即可。

🍲 大厨锦囊

土豆含有维生素及多种矿物质，有和胃调中、美容养颜、抗衰老的功效。牛腩是一种低脂肪、高蛋白的食物，富含人体所需的多种氨基酸，且易于人体吸收。牛腩块炖煮后会缩小，因此在切块时可以切得稍微大一些。

西芹牛肉卷

🔥 人气指数：★★★☆
🍴 味型分类：鲜

/ 材料 /

牛肉300克，胡萝卜、西芹各70克

/ 调料 /

盐4克，鸡粉2克，生抽4毫升，水淀粉适量

/ 做法 /

1.西芹洗净，切粗丝，焯水；胡萝卜洗净去皮，切粗丝，焯水；牛肉洗净，切片，加生抽、盐、水淀粉拌匀腌渍。

2.将腌渍好的牛肉片摆上焯熟的食材，卷起制成肉卷生坯。

3.肉卷生坯摆在蒸盘上，放入烧开的蒸锅，大火蒸熟透后取出，摆盘即可。

🍳 大厨锦囊

西芹含有膳食纤维、多种维生素和矿物质，有保护肝脏、利水消肿的功效。此外，西芹的维生素P含量较多，有维护毛细血管通透性、降低血压的作用。制作牛肉卷生坯时，可先用牙签固定形状，待蒸熟后再去除，这样成品的样式更美观。

蒜香牛小排

人气指数：★★★☆
味型分类：蒜香

/ 材料 /

牛小排300克

/ 调料 /

盐3克，大蒜、酱油、胡椒粉、料酒、香油各适量，小红椒适量

/ 做法 /

1.牛小排洗净，用盐、酱油、料酒腌渍；大蒜洗净切片；小红椒洗净切圈。

2.锅上火，加油烧至七成热，下牛小排两面均匀煎熟后装盘。

3.起油锅，放入大蒜、小红椒，倒入酱油、香油，加胡椒粉一起调成料汁，淋在牛小排上。

🍴 大厨锦囊

牛小排即是牛的胸腔左右两侧，带有大理石的纹路，其肉质鲜美，非常适合食用。牛小排适用于烤、煎、炸、红烧等多种烹饪方法。牛小排尝起来鲜嫩多汁，搭配浓郁的蒜香，光是一闻，都能使人提起食欲，好好享受一番。

牛肝菌菜心炒肉片

- 人气指数：★★★☆
- 味型分类：鲜

/ 材料 /

牛肝菌100克，猪瘦肉250克，菜心适量

/ 调料 /

姜丝6克，盐4克，料酒3克，鸡精2克，水淀粉5克，芝麻油5克

/ 做法 /

1.将牛肝菌洗净，切成片；猪肉洗净，切成片；菜心洗净，取菜梗剖开。

2.猪肉放入碗内，加入料酒、水淀粉，用手抓匀稍腌。

3.起油锅，下入油、姜丝煸出香味，放入猪肉片炒至断生，加入盐、牛肝菌、菜心，再调入鸡精、芝麻油炒匀即可。

🍴 大厨锦囊

牛肝菌类是一类真菌的统称，多是野生菌，除个别品种外，大部分品种均可食用，主要分白、黄、黑三种牛肝菌。牛肝菌的营养全面，能起到清热除烦、养血调中、散风驱寒、补虚提神的功效。本道菜品非常适合宴客之用。

香辣羊棒骨

人气指数：★★★★
味型分类：辣

/ 材料 /

羊棒骨500克，生菜叶50克

/ 调料 /

盐、味精、料酒、酱油、芝麻、
红椒、青椒各适量

/ 做法 /

1.生菜叶洗净，装盘；羊棒骨洗净，焯水后用盐、料酒、酱油腌渍，放入烤盘；青椒、红椒洗净，切末。

2.将烤盘放入烤箱中，至羊棒骨熟后取出装盘。

3.油锅上火，倒入青椒末、红椒末，加芝麻和味精，煸香后盖在羊棒骨上即可。

🍳 大厨锦囊

羊肉的肉质与牛肉相似，但肉味较浓，腥味较重，对胃肠的消化负担也较重，因此不适合胃脾功能不好的人食用。但羊肉中含有的多种营养成分，能起到温中祛寒、补肾壮阳、强精补虚的作用，尤其适合男士食用。

脆皮羊肉卷

🥘 人气指数：★★★☆
🍲 味型分类：辣

/ 材料 /

羊肉末300克，洋葱末50克，青、红椒丁各20克，面包糠150克，蛋皮数张

/ 调料 /

盐、味精、料酒、水淀粉、生抽各适量，蛋液、辣椒面、孜然粉各少许

/ 做法 /

1. 羊肉末加盐、味精拌匀。
2. 用油起锅，倒入羊肉末炒匀，加料酒炒熟，加入辣椒面、孜然粉炒香，入洋葱粒、青椒粒、红椒粒炒匀，加生抽炒匀，放盐、味精调味，加入水淀粉勾芡，拌炒均匀，盛出装盘。
3. 取蛋皮，放入肉末卷起，用蛋清封两端口，制成肉卷坯，浇上蛋液，撒入面包糠裹匀。
4. 热锅注油，烧至四成热，放入肉卷炸约1分钟捞出，斜切成段，装入盘中即可。

🍳 **大厨锦囊**

羊肉含蛋白质、脂肪、磷、铁、钙、B族维生素、胆甾醇等成分，凡肾阳不足、腰膝酸软、腹中冷痛、虚劳不足者皆可食，还有补肾壮阳、补虚温中等功效。

红酒炖羊排

/ 材料 /

羊排骨段300克，芋头180克，胡萝卜块120克，芹菜50克，红酒180毫升

/ 调料 /

盐2克，白糖、鸡粉各3克，生抽5毫升，料酒6克，蒜头、姜片、葱段各少许

/ 做法 /

1.洗净的芹菜切长段。

2.去皮洗净的芋头切小，入四成热油锅拌匀，小火炸约3分钟，捞出，沥干油，待用。

3.洗净的羊排骨段入沸水，淋料酒汆熟，捞出。

4.用油起锅，倒入羊排骨炒匀，放入蒜头、姜片、葱段爆香，加红酒、清水，烧开后用小火煮约30分钟至熟软，倒入芋头、胡萝卜块，加盐、白糖、生抽调味，小火续煮约25分钟至入味。

5.入芹菜段、鸡粉，大火炒至汤汁收浓即可。

🍴 大厨锦囊

芋头含有蛋白质、淀粉、糖类、维生素B₁、膳食纤维、钙、磷、铁、钾等营养成分，具有补充营养、增强免疫力、补中益气等功效。炸芋头时油温不宜过高，以免炸煳了影响口感。

酱鸡爪

🥄 人气指数：★ ★ ★
🥄 味型分类：甜辣

/ 材料 /

鸡爪500克

/ 调料 /

盐、白糖各1克，生抽、老抽、料
酒各5克，泰式甜辣酱25克，八角
2个，花椒10克，香叶2克，姜片
少许

/ 做法 /

1.洗净的鸡爪入沸水汆去腥味及脏污，捞出，沥
干，再入油锅煎至表皮微裂，捞出，沥油装盘。

2.另起锅注油，加清水、白糖，拌至糖溶，呈
焦糖色，加清水、姜片、八角、花椒、香叶，放
入鸡爪，加盐、生抽、老抽、料酒拌匀，大火煮
开，焖约10分钟至汤汁黏稠。

3.倒入甜辣酱，翻炒均匀，盛出，装盘即可。

🍴 **大厨锦囊**

鸡爪含有蛋白质、膳食纤维、维生素、胡萝卜素、镁、铁、锌、铜等营养成分，
具有开胃消食、软化血管、丰肌润肤等功效。汆煮鸡爪时可以加入少许姜片，去腥
效果更好。

酱爆鸡丁

味型分类：甜

人气指数：★★★★★

/ 材料 /

鸡脯肉350克，黄瓜150克，彩椒50克

/ 调料 /

水淀粉、老抽、料酒各5克，黄豆酱10克，生粉3克，白糖、鸡粉各2克，姜末10克，蛋清20克，盐适量

/ 做法 /

1. 洗净的黄瓜切丁；洗净的彩椒切块；洗净的鸡肉切丁，加盐、料酒、蛋清、鸡粉、食用油拌匀，腌渍5分钟。

2. 热锅注入食用油，烧至四成热，倒入鸡肉搅匀，倒入黄瓜、甜椒滑油，捞出，沥干油分。

3. 锅留油烧热，倒入姜末炒香，放入黄豆酱，注入适量清水，加白糖、鸡粉，倒入鸡丁、黄瓜、甜椒炒匀，加老抽、水淀粉翻炒，大火收汁，盛出，装盘即可。

 大厨锦囊

鸡肉含有胡萝卜素、核黄素、硫胺素、蛋白质、脂肪等成分，具有补中益气、增强免疫、补肾益精等功效。鸡肉可以多腌渍片刻，炒制出来才会鲜嫩。

酱汁鸡翅

人气指数：★★★☆

味型分类：鲜

/ 材料 /

鸡翅500克

/ 调料 /

姜片、蒜瓣、葱花、八角各少许，陈醋3毫升，老抽4毫升，白糖2克，料酒7克，生抽10毫升

/ 做法 /

1.处理干净的鸡翅上划上一字花刀，均匀撒上盐，抹匀腌渍15分钟。

2.热锅注油烧热，倒入鸡翅，加入姜片、蒜瓣、八角，翻炒出香味，淋入料酒、生抽炒匀。

3.注入适量清水，倒入陈醋、老抽、白糖，翻炒匀，大火煮开转小火焖约5分钟至熟透，收汁。

4.将煮好的鸡翅盛出装入盘中，撒上葱花即可。

🍴 大厨锦囊

鸡翅中含有蛋白质、维生素及多种矿物质，有润肺、美容等功效，能增强机体免疫力。姜片、蒜瓣可帮助去腥、提味，使菜肴味道更香。适量食用此道菜品，有助于强身健体，对体弱、体虚者有益。

金鸡报晓

● 人气指数：★★★★
● 味型分类：咸

/ 材料 /

鸡1只

/ 调料 /

熟豌豆、红椒圈各少许，醋酸酱100克，麦芽糖20克，盐80克，白醋15毫升，红醋100毫升

/ 做法 /

1. 将鸡宰杀、清洗干净后，放入滚水中氽烫过后捞起。
2. 将麦芽糖和白醋、红醋调成脆皮水，把鸡放入泡1分钟后捞起，抹上盐后，挂于通风处晾干。
3. 把油烧至100℃后，放入晾干的鸡，用小火炸至熟透，就可捞起，装盘，点缀上熟豌豆和红椒圈，再与醋酸酱一起上桌。

🍴 大厨锦囊

鸡肉可补血、滋补身体，对产妇、手术后病人具有益处，自古以来都是补身的食材之一。要记得腌渍好的鸡一定要晾到干透，否则炸出来鸡皮会不够脆，就失去本道菜的特色。此道菜品男女老少皆宜，适当食用，有益身心。

鸡米花

🍲 人气指数：★★★★
🍲 味型分类：鲜

/ 材料 /

鸡胸肉100克，鸡蛋1个，柠檬1个，面包糠100克

/ 调料 /

盐、鸡粉各少许，生粉35克

/ 做法 /

1. 柠檬挤出柠檬汁；鸡蛋取蛋黄，搅散成蛋液。
2. 洗净的鸡胸肉切片，用刀背敲打几下，加盐、鸡粉、柠檬汁、蛋液，拌匀，加入生粉裹匀。
3. 两面均匀地裹上面包糠，再入五成热油锅炸约1分钟，至其熟透，捞出，沥干油。
4. 把鸡肉片切成小方块，装盘，摆整齐即可。

🔪 大厨锦囊

鸡胸肉含有蛋白质、不饱和脂肪酸、钙、磷、铁、镁、钾等营养元素，而且消化率高，很容易被人体吸收利用，儿童常食能增强机体免疫力。鸡肉片下油锅炸时，要一块一块地放入，以免粘在一块。

白芝麻鸭肝

人气指数: ★★★
味型分类: 咸

/ 材料 /

熟鸭肝130克,鸡蛋1个,白芝麻15克

/ 调料 /

盐2克,鸡粉2克,面粉5克,姜末少许

/ 做法 /

1. 鸡蛋的蛋清、蛋黄分别装碗,再分别打散。
2. 熟鸭肝剁末,撒上姜末,加盐、鸡粉拌匀,倒入少许蛋清搅匀,加适量面粉,快速搅拌均匀,倒入余下蛋清拌匀。
3. 取一个盘子,抹上少许蛋黄,放入鸭肝铺平,压成饼状,再分次涂上余下的蛋黄,再在饼的两面均匀沾上白芝麻,即成鸭肝饼生坯。
4. 热锅注油烧至五成热,转小火,放入鸭肝饼生坯,炸约1分钟至其呈金黄色,捞出,沥干油,装入盘中,稍微放凉即可。

🍳 大厨锦囊

鸭肝含有维生素A、维生素B$_2$,能很好地保护眼睛,维持正常视力,防止眼睛干涩、疲劳。炸鸭肝的时间不要太久,以免破坏其营养成分。

三杯鸭

🍵人气指数：★★★★
🍵味型分类：酱香

╱ 材料 ╱

鸭肉600克，芹菜段适量

╱ 调料 ╱

料酒、盐、白糖、豉油、鸡精、老抽各适量，姜片、葱段、香菜段各少许

╱ 做法 ╱

1.鸭肉洗净，加芹菜段、姜片、葱段、香菜段、盐、白糖、老抽、料酒抓匀腌渍，再入油锅炸至上色，捞出沥油。

2.锅底留油，放入姜片、葱段爆香，入白糖拌匀，加水、鸭肉、料酒、豉油焖熟，加鸡精、老抽调味，大火收汁后盛出，留汤汁，等鸭肉稍凉后切块，淋汤汁即可。

🍴 大厨锦囊

鸭肉的营养价值很高，富含蛋白质、脂肪以及多种矿物质，具有补肾、止咳化痰的功效，对于肺结核有很好的食疗作用。炖煮鸭肉时，加入少许大蒜、陈皮一起煮，不仅能有效去除鸭肉的腥味，还能为汤品增香。

泡椒炒鸭肉

人气指数：★★★☆

味型分类：辣

/ 材料 /

鸭肉200克，灯笼泡椒
60克，泡小米椒40克

/ 调料 /

豆瓣酱10克，盐3克，
鸡粉2克，生抽少许，
料酒5克，水淀粉适
量，姜片、蒜末、葱段
各少许

/ 做法 /

1.灯笼泡椒洗净；泡小米椒洗净切段。
2.鸭肉洗净，切块，加生抽、盐、鸡粉、料酒、
水淀粉拌匀腌渍，再汆水。
3.用油起锅，放入鸭肉块炒匀，入蒜末、姜片、
料酒、生抽炒香，入泡小米椒、灯笼泡椒翻炒，
加豆瓣酱、鸡粉调味，加水煮熟，勾芡后盛出，
撒葱段即成。

🍴 大厨锦囊

鸭肉中的脂肪以不饱和脂肪酸为
主。糖尿病患者食用鸭肉，不仅
能降低胆固醇，还对因糖尿病引
起的心脑血管疾病有一定的预防
作用。将切好的灯笼泡椒和泡小
米椒浸入清水中泡一会儿再使
用，辛辣的味道会减轻一些。

粉蒸鱼块

味型分类：咸

人气指数：★★★☆

/ 材料 /

净草鱼400克，蒸肉粉
50克

/ 调料 /

盐3克，鸡粉2克，生抽
6毫升，姜末、葱花各
少许

/ 做法 /

1.草鱼洗净，切成小块，加入少许盐，撒上姜
末，放入鸡粉、生抽拌匀，再倒入蒸肉粉、食用
油拌匀腌渍。

2.将腌渍好的鱼块摆上蒸盘，放入烧开的蒸锅，
大火蒸至食材熟透。

3.关火，取出蒸好的鱼块，撒上葱花，浇上热油
即成。

🍴 大厨锦囊

草鱼含有不饱和脂肪酸，还含有
较多的蛋白质、硒，对血液循环
有利，常食有抗衰老、养颜、增
强免疫力的功效。草鱼块要切得
大小均等，蒸熟后的口感才好。
此菜品适合老年人食用，能益气
补虚。

山药蒸鲫鱼

味型分类：清淡

人气指数：★★★

/ 材料 /

鲫鱼400克，山药80克

/ 调料 /

葱条30克，姜片20克，盐2克，鸡粉2克，料酒8克，葱花、枸杞各少许

/ 做法 /

1.山药洗净去皮，切粒；鲫鱼处理干净，划一字刀，加姜片、葱条、料酒、盐、鸡粉腌渍15分钟，装盘，撒山药粒、姜片。

2.把蒸盘放入烧开的蒸锅中，加盖，用大火蒸10分钟，至食材熟透。

3.揭开盖，取出蒸好的山药鲫鱼，夹去姜片，撒上葱花、枸杞即可。

🍲 大厨锦囊

鲫鱼中含有蛋白质和多种矿物质、维生素，能起到滋阴补虚、强健五脏的作用。山药是补肾的佳品，还能起到补脾涩精、生津润肺的作用，是餐桌上常见的美食。用枸杞以点缀，还能起到一定补血调经、益气养颜的作用。

红烧腊鱼

🍴 人气指数：★★★
🍲 味型分类：辣

/ 材料 /

腊鱼块350克，花椒、桂皮各适量

/ 调料 /

生粉30克，白糖3克，料酒3克，生抽3毫升，胡椒粉少许，姜片、葱段各少许

/ 做法 /

1.锅中注水烧开，放入腊鱼块汆去杂质，捞出。
2.取一碗，放入腊鱼块，加生粉拌匀，再入油锅炸至焦黄色，捞出，沥干油分，待用。
3.倒油入锅，再倒入花椒、桂皮、姜片爆香，淋料酒，放入腊鱼块，放生抽，再加适量清水，放白糖、胡椒粉，中火焖约2分钟。
4.放入葱段，炒匀，盛出装盘即可。

🍳 大厨锦囊

腊鱼含有蛋白质、脂肪、维生素A，和磷、钙、铁等矿物质，具有补虚养肾、健脾开胃等作用。炸鱼时油温要掌握好，油温过高会将鱼块炸煳。

黑蒜啤酒烧鱼块

人气指数：★★★☆
味型分类：蒜香

/ 材料 /

草鱼块400克，黑蒜50克， 啤酒150毫升

/ 调料 /

姜片、葱段各少许，盐、白胡椒粉各2克，鸡粉1克，白糖3克，料酒、生抽各5克，水淀粉8毫升，芝麻油3毫升

/ 做法 /

1. 取一碗，放入洗净的草鱼块，加盐、料酒、白胡椒粉、水淀粉拌匀，腌渍10分钟至入味。
2. 热锅注油，放入草鱼块煎约3分钟至两面微黄，放入黑蒜、姜片、葱段炒香，注入啤酒，加盐、鸡粉、白糖、生抽，中火焖约5分钟至食材入味。
3. 加入适量水淀粉，淋入芝麻油炒匀。
4. 关火，盛出鱼块即可。

🍴 大厨锦囊

草鱼含有蛋白质、不饱和脂肪酸、硒元素等营养成分，具有促进血液循环、防癌抗癌、滋补养颜等功效。煎鱼的时候不要随意翻动，以免鱼肉松散。

清蒸开屏鲈鱼

味型分类：鲜

人气指数：★★★★★

/ **材料** /

鲈鱼500克，彩椒丝少许

/ **调料** /

盐2克，鸡粉2克，胡椒粉少许，蒸鱼豉油少许，料酒8克，姜丝、葱丝各少许

/ **做法** /

1.鲈鱼洗净，切去背鳍、头，背部切一字刀相连的块状，放盐、鸡粉、胡椒粉、料酒抓匀腌渍。

2.把鲈鱼放入盘中，摆放成孔雀开屏的造型，放入烧开的蒸锅中，用大火蒸熟。

3.把蒸好的鲈鱼取出，撒上姜丝、葱丝、彩椒丝，浇上热油、蒸鱼豉油即可。

🍲 大厨锦囊

鲈鱼有很高的营养价值，含有蛋白质、维生素及多种矿物质，具有降低胆固醇、降血脂的功效，是高血脂病患者的理想食材。切"一"字刀时，要将鱼背立起来切，既省力，又不容易破坏鲈鱼的完整性。

芦笋鱼片卷蒸滑蛋

味型分类：鲜

人气指数：★★★☆☆

/ 材料 /

草鱼肉200克，鸡蛋120克，芦笋80克，胡萝卜50克

/ 调料 /

盐、鸡粉各3克，生粉20克，豉油15毫升，水淀粉，姜丝、枸杞各少许

/ 做法 /

1. 鸡蛋加盐、鸡粉、清水调匀成蛋液；芦笋洗净去皮，焯水；胡萝卜洗净切片，焯水；草鱼肉洗净，切双飞片，加盐、鸡粉、水淀粉、食用油，拌匀腌渍。
2. 鱼片滚上生粉，放入芦笋卷成鱼卷。
3. 蛋液入锅蒸至八成熟，入枸杞、鱼卷、胡萝卜、姜丝蒸熟后取出，淋豉油即成。

🍲 大厨锦囊

鸡蛋富含优质蛋白和卵磷脂，对预防动脉粥样硬化、促进血液循环有一定的帮助，高血压病患者可适量食用。草鱼肉质鲜美，营养易于吸收。将鱼卷生坯放入蒸碗中时，力度要轻，以免破坏了蛋液的完整性。

野山椒末蒸秋刀鱼

🕯 人气指数：★★★★
🕯 味型分类：辣

／ 材料 ／

秋刀鱼190克，泡小米椒45克，红椒圈15克

／ 调料 ／

鸡粉2克，生粉12克，蒜末、葱花各少许

／ 做法 ／

1.秋刀鱼洗净，划花刀；泡小米椒剁末，加蒜末、鸡粉、生粉、食用油拌成味汁。

2.秋刀鱼摆上蒸盘，放入味汁，撒上红椒圈，再放入烧开的蒸锅，用大火蒸至食材熟透。

3.关火后，取出蒸好的秋刀鱼，趁热撒上葱花，淋上热油即成。

🍴 大厨锦囊

秋刀鱼含有丰富的蛋白质、脂肪酸，而且脂肪酸多以不饱和脂肪酸为主。糖尿病患者食用秋刀鱼，有抑制血压升高、帮助分解糖类物质等作用。秋刀鱼用少许柠檬汁腌渍一下，可以稍微减轻泡小米椒辛辣的味道。

吉祥桂花鱼

● 人气指数：★★★★
● 味型分类：鲜

/ 材料 /

桂花鱼1条（约600克），豆芽菜100克，西蓝花150克

/ 调料 /

盐、味精、酱油各适量

/ 做法 /

1.桂花鱼宰杀洗净后，切成片状。

2.豆芽菜、西蓝花洗净后，用水汆烫过备用；将桂花鱼的鱼头鱼尾入蒸锅蒸熟。

3.将鱼片置入沸水中汆烫至熟后，捞出摆放在豆芽菜上，以西蓝花围边，再倒入酱油、味精、盐调的酱汁即可。

🍲 大厨锦囊

鱼片可先用蛋液和少许淀粉腌渍，会使得肉质更细嫩。桂花鱼又叫鳜鱼，肉质细嫩、厚实，少刺，其实烹煮这道菜，并不一定要用桂花鱼，只要选择质地细嫩的白鱼肉类都可以。此道菜品色泽明艳，是极具营养的宴客菜品。

香煎鳕鱼

🍳 人气指数：★★★★
🍳 味型分类：椒香

/ 材料 /

鳕鱼2块，芦笋3条，玉米笋2条，圣女果3个

/ 调料 /

面粉20克，白葡萄酒10毫升，胡椒粉3克，柠檬汁5毫升，盐7克，奶油酱30毫升

/ 做法 /

1.鳕鱼用盐、胡椒粉、白葡萄酒、柠檬汁腌渍5～7分钟。

2.在腌好的鳕鱼两面拍上面粉备用，芦笋、玉米笋，则用滚水氽烫过。

3.将鳕鱼煎至熟透，就可盛盘，在周边摆上芦笋、玉米笋和圣女果，最后淋上奶油酱即可。

🍲 大厨锦囊

制作奶油酱，先要将牛油煮化，再加入牛奶、柠檬汁、卡士达粉、白酒、盐和一点面粉调匀即可。辨别鳕鱼已经煎熟的办法就是用筷子插入鱼身，如果拔出时沾有鱼肉，表示鱼肉还未熟。此道菜品营养美味，能强身健体。

雪菜蒸黄鱼

人气指数：★★★☆
味型分类：咸

/ 材料 /

大黄鱼1条，雪菜100克

/ 调料 /

盐5克，味精2克，黄酒10毫升，
葱1棵，姜10克

/ 做法 /

1.将大黄鱼宰杀去鳃后，用清水清洗干净再装入盘中；葱切成葱花，姜去皮后切丝，雪菜则切碎备用。

2.在装有鱼的盘中，加入雪菜、盐、味精、黄酒、葱花、姜丝。

3.然后将所有原材料一起放入蒸锅内，蒸煮约8分钟即可取出上桌。

🍳 大厨锦囊

黄鱼肉质鲜嫩、营养丰富，有很高的食用价值，可清蒸、红烧、盐渍，烹调出几十种风味各异的菜肴；此外，黄鱼还可以去瘀、利尿。此道菜品适合多个年龄层的人食用。

沸腾鱼片

人气指数：★★★★
味型分类：辣

/ 材料 /

草鱼1条，豆芽菜15克

/ 调料 /

盐、味精、辣椒、花椒各适量

/ 做法 /

1.将草鱼宰杀后洗净，分切成片状，撒上一点盐、味精调味备用。

2.豆芽菜洗干净后，放入锅中炒入味后捞出，铺在器皿底部。

3.将鱼片入沸水中氽烫至熟捞出，铺在豆芽上。

4.用少许油将辣椒、花椒炸至香味浓郁，倒入盛有鱼片的器皿内即可。

大厨锦囊

草鱼又称鲩鱼，草鱼的不饱和脂肪酸含量丰富，对血液循环非常有利，适合心血管疾病病人食用；对于食欲不振的人来说，草鱼肉嫩而不腻，十分开胃。另外，在炒辣椒时，油温不要太高。此道菜品尤其适合"无辣不欢"人士。

剁椒青香鲫鱼

人气指数：★★★★
味型分类：辣

/ 材料 /

鲫鱼2条

/ 调料 /

盐4克，料酒10克，剁椒、红椒粒、青椒粒、葱花、姜末各适量

/ 做法 /

1.鲫鱼去鳞、去内脏，清洗干净，再将鱼身两面打花刀，用盐涂抹鱼身两面，略微抹上料酒，然后撒上剁椒、姜末。

2.锅内水烧开，用大火将鲫鱼蒸8～9分钟出锅。

3.撒上葱花，锅中加油烧热，浇在葱花上即可。

🍲 大厨锦囊

鲫鱼的营养价值很高，也具有一定的药用价值，其肉质鲜嫩，其中含有蛋白质、脂肪、维生素，以及大量的钙、磷、铁等矿物质，具有和中补虚、温胃消食、补中生气的功效。此道菜品外观精美，美味可口，非常适合用于宴客。

泰汁九肚鱼

人气指数：★★☆
味型分类：酸甜

/ 材料 /

九肚鱼500克

/ 调料 /

盐3克，味精1克，面包屑5克，鸡蛋清、淀粉、番茄酱各适量

/ 做法 /

1.九肚鱼清理干净，去骨起片，将鸡蛋清、淀粉、味精，搅拌均匀调成糊状备用。

2.倒油入锅，七成热时，将九肚鱼与糊拌匀，裹上面包屑，逐一下锅炸熟后捞出，沥油后蘸番茄酱即可食用。

🍴 **大厨锦囊**

九肚鱼的学名叫龙头鱼，体长而侧扁，鱼体柔软，大部分光滑无鳞，但肉质鲜美，很适合用于做汤，也可以红烧、清蒸，滋味不同。此道菜品能起到补虚、强精、健体等多种良好功效，适合不同年龄层的人群食用。

豉汁烧白鳝

* 人气指数：★★★★
* 味型分类：辣

/ 材料 /

白鳝1条，红椒丁20克，豆豉20克

/ 调料 /

盐5克，味精2克，葱1根，姜10克

/ 做法 /

1.白鳝宰杀洗净，切成2厘米长的段；葱择好洗净，切末；姜去皮，切末。

2.将白鳝放入盛器中，调入葱、姜末、豆豉、盐、味精、红椒丁腌渍入味。

3.将腌好的白鳝放入盘中，入蒸锅中蒸10分钟至熟即可。

🍲 大厨锦囊

白鳝即鳗鲡，是传统名贵鱼类。白鳝性味甘、平，其肉、骨、血、鳔等均可入药，能起到滋补强壮、祛风杀虫、排毒养颜、暖腰补虚等功效。白鳝搭配豉汁，可以使白鳝的肉质更鲜美，非常适合在宴客时食用。

雪菜熘带鱼

/ 材料 /

带鱼350克，雪菜梗50克

/ 调料 /

盐5克，味精2克，黄酒10毫升，红椒、胡椒粉、淀粉各少许，清汤300毫升

/ 做法 /

1.带鱼去鳞、鳃，洗净后切成大块待用；红椒洗净，切末；雪菜切末。

2.炒锅上火，倒入少许油烧热，放入带鱼煎至两面皆熟，捞出备用。

3.锅内加入清汤，放入盐、味精、黄酒、胡椒粉、雪菜梗和红椒末，带鱼烧沸后用淀粉勾成芡汁即可。

😋 大厨锦囊

带鱼又叫刀鱼，是我国的四大海产之一。带鱼中含有蛋白质、脂肪、维生素等多种营养，适当食用，能起到补脾养肝、益气补虚、暖胃养血、润肤健美的作用。带鱼配合上雪菜的酸爽可口，使口感更加入味，入口回味无穷。

铁板串烧虾

人气指数：★★★★
味型分类：蒜香

/ 材料 /

鲜虾12只

/ 调料 /

淀粉5克，辣椒、葱、蒜蓉、辣椒酱、蚝油、盐、味精、鸡精粉各适量

/ 做法 /

1.将虾的中间划开，用竹签从尾部串入；辣椒切成丁，葱切成丝。

2.将虾放入沸水中煮熟后捞出，沥干水分，再放入七成油温的油中炸一下，然后取一块铁板，用葱丝垫底，摆上炸好的虾。

3.将锅中油烧热后，放入调味料，加入辣椒丁，用少许水、淀粉勾芡，再淋在虾上即可。

🔪 大厨锦囊

挑选鲜虾时，应选择虾身带有光泽、虾壳坚硬、虾肉有弹性、虾头和虾尾衔接处密和、紧实、不易脱落且无腥臭味的虾。虾肉的特点是味道鲜美、营养丰富。此道菜品很受女生、小孩欢迎，很适合作为宴客菜品使用。

蒜香大虾

味型分类：蒜香
人气指数：★★★

/ 材料 /

基围虾230克，红椒30克

/ 调料 /

盐2克，鸡粉2克，蒜末、葱花各少许

/ 做法 /

1. 红椒洗净，切成丝。
2. 基围虾清理干净，虾背切开，入油锅炸至深红色，捞出装入盘中。
3. 锅底留油，放入蒜末炒香，倒入基围虾，放入红椒丝炒匀，加入少许盐、鸡粉调味，放入葱花翻炒匀。
4. 关火后盛出炒好的基围虾，装盘即可。

🍲 大厨锦囊

基围虾含有丰富的镁，能很好地保护心血管系统，可减少血液中胆固醇含量，降低血脂，有利于高血脂病患者的身体健康。要掌握好火候，过热蒜会焦，就会有苦味。此道菜品色香味俱全，是极好的宴客菜品。

鲜虾烧鲍鱼

👍 人气指数：★★★★
🍲 味型分类：鲜

/ 材料 /

基围虾180克，鲍鱼250克，西蓝花100克

/ 调料 /

海鲜酱25克，盐3克，蚝油6克，料酒8克，蒸鱼豉油、水淀粉各适量，鸡粉、葱段、姜片各少许

/ 做法 /

1.鲍鱼肉洗净，刮去表面污渍，浸泡一会儿后入沸水，淋料酒，中火汆去腥味及杂质，捞出。

2.洗净的基围虾入沸水中煮约半分钟，至虾身弯曲、呈淡红色后捞出，沥干水分，待用。

3.洗净的西蓝花焯水，捞出。

4.砂锅加油烧热，入姜片、葱段爆香，倒入海鲜酱炒匀，放入鲍鱼肉，加水，淋料酒、蒸鱼豉油，烧开后用小火煮约1小时。

5.倒入基围虾，加蚝油、鸡粉、盐，中小火煮约5分钟，至食材熟透，倒入水淀粉炒匀，至汤汁收浓后盛出装盘，用西蓝花围边即成。

🍴 大厨锦囊

鲍鱼含有蛋白质、维生素A、维生素D、钙、铁、碘、锌、磷等营养成分，具有调经、润燥、利肠、滋阴补阳等功效。在鲍鱼肉上可切上刀花，这样更易入味。

龙井虾仁

人气指数：★★★★
味型分类：茶香

/ 材料 /

虾仁500克，龙井茶叶适量，鸡蛋1个

/ 调料 /

盐、味精、姜、淀粉各少许

/ 做法 /

1.虾仁用盐、味精、蛋白、淀粉调成的浆糊上浆后，入油锅中炸熟后，捞出备用。

2.将龙井茶泡好待用，姜挤出姜汁。

3.将锅中油烧热后，依序放入虾仁、少许姜汁和龙井茶（可加入少许泡开的茶叶）翻炒，再加入淀粉勾芡后，即可装盘。

🍴 大厨锦囊

冲泡龙井茶时，水温不可太高，差不多85℃左右的水冲泡，因为龙井茶是没有经过发酵的茶叶，如果用太烫的水去冲泡，就会把茶叶的苦涩的味道冲泡出来，影响口感。这道有名的江浙菜，是宴客席上不可多得的良品。

一帆风顺

/ 材料 /

龙虾1只，冰块1000克，柠檬1个

/ 调料 /

芥末30克，清酱油50毫升

/ 做法 /

1. 龙虾去掉头，把龙虾的壳用剪刀剪开，再将龙虾肉取出；柠檬切成片。
2. 把冰块打成细碎的碎冰，铺在龙虾船上。
3. 将龙虾肉切成薄片铺在碎冰上，再把龙虾头和壳摆在龙虾船上当装饰，最后再放上柠檬片，用芥末和清酱油调成蘸料。

🍴 大厨锦囊

取出的龙虾肉可以先用冰水泡过，会更容易切片。龙虾含有丰富的水分、蛋白质、钙、磷、铁，还有多种维生素，龙虾不仅肉味鲜美、风味独特，而且其外壳还含有丰富的甲壳素。此道菜品极具观赏价值，且营养美味。

美味酱爆蟹

👆人气指数：★★★★
🍴味型分类：辣

/ 材料 /

螃蟹600克，干辣椒5克

/ 调料 /

黄豆酱15克，料酒8克，白糖2克，盐适量，葱段、姜片各少许

/ 做法 /

1. 处理干净的螃蟹剥开壳，去除蟹腮，切成块。
2. 热锅注油烧热，倒入姜片、黄豆酱、干辣椒爆香，倒入螃蟹，淋入少许料酒，炒匀去腥，注入适量的清水，加入盐，快速炒匀。
3. 盖上锅盖，大火焖约3分钟后掀盖，倒入葱段炒匀，加些许白糖，持续翻炒片刻。
4. 关火，将炒好的螃蟹盛出装入盘中。

🦀 大厨锦囊

螃蟹含有蛋白质、脂肪、维生素A、盐酸、维生素E等成分，具有增强免疫力、舒筋益气、理胃消食等功效。注意烹制螃蟹前，一定要用刷子将蟹壳刷干净。

香辣酱炒花蟹

人气指数：★★★★
味型分类：辣

/ 材料 /

花蟹2只，豆瓣酱15克

/ 调料 /

盐2克，白糖3克，料酒适量，葱
段、姜片、蒜末、香菜段各少许

/ 做法 /

1. 洗净的花蟹由后背剪开，去除内脏，对半切
开，再把蟹爪切碎，待用。
2. 倒油入锅，再入豆瓣酱，炒香，放入姜片、蒜
末，炒匀，淋入料酒。
3. 注入适量清水，倒入花蟹，拌匀，加白糖、
盐，中火焖约5分钟至食材熟透，放入葱段、香
菜段，大火翻炒片刻至断生即可。

🦞 大厨锦囊

花蟹含有人体所需的优质蛋白质、矿物质，能够理胃消食，对人体有很好的滋补作
用。蟹的大钳很硬，吃起来困难，煮之前可以先把它拍裂，会更易入味。花蟹是很
适合作为宴客菜品的食材，既具美观性，又有很高的营养价值。

山水八珍

🍲 人气指数：★★★★
🍛 味型分类：鲜

/ 材料 /

鲨鱼皮，冬笋、干鱼肚、蹄筋、海参各20克，九孔2个，鹌鹑蛋2个，草菇10克，火腿10克

/ 调料 /

香糟卤50克，绍兴酒20克，蒜1个，高汤50毫升

/ 做法 /

1.先将鱼肚泡开后，将其他材料用清水洗干净，切成条状；蒜切片。

2.将所有材料汆烫过，捞出沥干备用。

3.在锅中加入所有原材料和调味料，上蒸笼蒸30分钟，即可装盘。

🍲 大厨锦囊

泡发海参须使用开水，还要去掉肠和里面的那层薄膜。海参是少有的高蛋白、低脂肪、无胆固醇的食品，富含18种氨基酸和多种维生素。此道菜品选用的都是极其名贵的食材，可谓宴客席上重中之重的一道主菜。

主食

PART 5

宴客菜中的主食，可以是我们日常所指面食、大米，或是五谷杂粮类食物，有时也会将酥、饼、饺子、馄饨等列入主食之列，但较少使用粥品。主食一般在几道主菜之后上桌，能补充以糖类为主的营养素，使宴席的饮食营养结构得以均衡。本章就将主要介绍融会了大米、面点、五谷杂粮以及各式点心在内的多种宴席主食，为您的宴席添加一份饱足感。

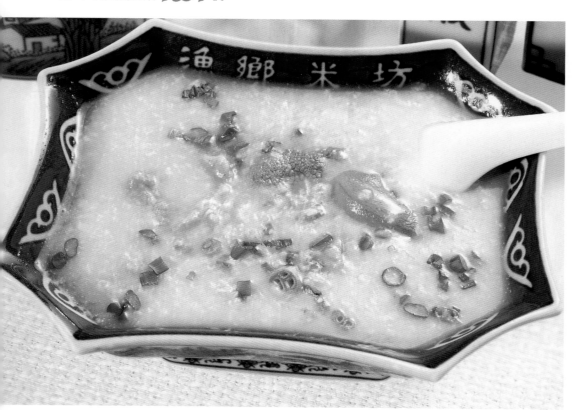

状元及第粥

- 人气指数：★★★★
- 味型分类：鲜

/ 材料 /

粥1碗，猪肝20克，猪心25克，猪腰30克

/ 调料 /

盐3克，鸡精1克，姜1块，葱1根

/ 做法 /

1. 将猪肝、猪心、猪腰洗净后，分切成小薄片；姜洗净切丝，葱洗净后切成葱花。
2. 将猪肝、猪心、猪腰汆烫至熟，捞出，备用。
3. 将粥倒入锅内烧热，加入猪肝、猪心、猪腰、姜丝及调味料，煮开2分钟后，盛入碗中，再撒上葱花即可。

🍳 大厨锦囊

制作本道菜时，一定要先将猪肝、猪心、猪腰浸泡在清水中30分钟以上，以去除内脏内含有的毒素。另外用水汆烫时，时间不宜过长，以免使口感老硬，难以嚼咽。"状元及第粥"是广州著名的粥品，营养也很全面。

双米银耳粥

人气指数：★★★★
味型分类：甜

/ 材料 /

水发小米、水发大米各120克，水发银耳100克

/ 做法 /

1. 银耳洗净，切去黄色根部，切成小块，备用。
2. 砂锅中注水烧开，倒入洗净的大米、小米搅匀，放入切好的银耳，烧开后用小火煮30分钟，至食材熟透。
3. 揭开盖，把煮好的粥盛出，装入汤碗中即可。

大厨锦囊

小米富含B族维生素及多种矿物质，有抑制血管收缩、降低血压的作用，比较适合高血压病患者食用。银耳富含膳食纤维，有促进消化，清除体内毒素的功效。大米和小米是泡发好的，因此可以适当缩短烹饪时间。

牛奶吉士麦片粥

人气指数：★★☆
味型分类：甜

/ 材料 /

鲜奶300毫升，麦片30克，吉士粉15克，葡萄干少许

/ 调料 /

白糖、盐各适量（可随个人口味添加）

/ 做法 /

1. 将鲜奶倒入锅内，加入麦片，以小火煮至麦片熟软，然后可盛入碗内。
2. 在煮好的麦片粥中，撒上适量的吉士粉和葡萄干即可。
3. 也可根据个人的口味，加入适量的白糖、盐进行调味。

🥢 大厨锦囊

麦片中含有很多纤维，长期食用可以养足心气，还能安定精神，增加自身的气力，更重要的是可以促进排便。如将麦片与牛奶同时熬煮，经常食用还具有润肺通便的功效。这道粥品能暖胃、饱腹，适合宴客时食用。

西式炒饭

- 人气指数：★★★★
- 味型分类：酸甜

/ 材料 /

白米150克，胡萝卜、青豆、玉米粒、火腿、叉烧各25克

/ 调料 /

番茄酱、白糖各25克，味精少许，盐10克

/ 做法 /

1.白米加水煮熟成米饭；把胡萝卜、火腿、叉烧切丁后，过水汆烫。

2.将胡萝卜、青豆、玉米粒、火腿、叉烧都爆香炒过后，加入番茄酱、白糖、味精、盐调入味。

3.再加入白饭一起翻炒均匀即可。

🍴 大厨锦囊

白米含有多种糖类，长期食用能强健筋骨、预防动脉硬化。制作本道菜时，白饭翻炒时间不可太长，否则很容易烧焦，只须炒拌均匀，大概炒到呈现粒粒分明的状态即可。炒饭爽口，很受小孩子欢迎，不妨试试将其摆上宴客餐桌。

玫瑰八宝饭

👍 人气指数：★★★☆
🍴 味型分类：甜

/ 材料 /

上等糯米50克，玫瑰豆沙100克，
各式蜜饯50克

/ 调料 /

白糖50克

/ 做法 /

1.先将糯米清洗干净后备用；把玫瑰豆沙与蜜饯混合均匀。

2.将糯米用清水煮熟，放凉后拌入白糖，再包入玫瑰豆沙、蜜饯后，置入碗中。

3.把做好的八宝饭放入蒸笼内蒸2～3分钟之后，取出即可上桌。

🍲 大厨锦囊

糯米能够补中益气、滋养脾胃、安定心神、调理消化作用，病后、产后及神经衰弱的人特别适合食用。用糯米与蜜饯制成的八宝饭香甜爽口，既能顾及美味，又有补身的功效。这道主食富含营养，非常适合搭配宴客食用。

扬州炒饭

人气指数：★★★★
味型分类：鲜

/ 材料 /

白饭500克，鸡蛋2个，青豆50克，玉米粒、虾仁、火腿丁各40克，葱花10克

/ 调料 /

盐2克，鸡精2克，味精少许，白糖1克，酱油2毫升，麻油3毫升

/ 做法 /

1. 将鸡蛋打散，均匀拌入米饭中。
2. 将青豆、玉米粒、虾仁、火腿丁则用水汆烫熟后捞起。
3. 锅中注油，将拌有鸡蛋的白饭用大火翻炒约1分钟，再加入步骤2中的其他材料一起翻炒。
4. 接着把所有调味料加入炒香的饭中，拌炒均匀，最后加上葱花即可。

🍳 大厨锦囊

"扬州炒饭"是古代"碎金饭"的创新，即把饭炒得颗粒分明，每颗饭粒皆包裹着蛋黄，色似黄金，油光闪烁。炒饭时需掌握好火温，以免火力过大而使饭烧焦，破坏其口味。这道远近闻名的"扬州炒饭"相信会博得满堂喝彩。

石锅拌饭

👍 人气指数：★★★★
🍲 味型分类：辣

／材料／

白饭1碗，小黄瓜1条，豆芽、菠菜、牛肉各30克，香菇2朵，鸡蛋1个

／调料／

胡椒粉3克，韩国辣酱20克，麻油10毫升

／做法／

1.小黄瓜、香菇、牛肉、菠菜皆洗净切丝，把豆芽菜洗净备用。

2.将小黄瓜、香菇、牛肉、菠菜以及豆芽一起炒熟，加入少许胡椒粉拌匀。

3.在石锅中淋上麻油、放上白饭，铺上炒好的料和鸡蛋，上火加热，调入韩国辣酱即可。

🍴 大厨锦囊

石锅加热后可产生很高的温度，因此在制作石锅拌饭时，要把所有材料准备完之后，才可以开始制作；要记得加热时间不可过长，利用余温即可。调入韩国辣酱时，可按照自己的口味添加。喜食韩国料理的人可以尝试一下。

十里长寿面

人气指数：★★★★
味型分类：鲜

/ 材料 /

牛肚150克，长寿面100克

/ 调料 /

葱20克，盐4克，鸡精5克，胡椒粉2克，高汤适量，香油少许

/ 做法 /

1.将葱洗净切成葱花；牛肚切块后，放入煮开的高汤中炖煮，加入盐、鸡精、胡椒粉后，就可盛入碗中。

2.锅中注水烧开，放入长寿面，盖上锅盖煮熟后，用筷子将面条搅散。

3.将面条捞出沥干水分，放入盛有高汤的碗中，撒上葱花，摆上牛肚，再淋上香油即可。

> 🍲 大厨锦囊
>
> "长寿面"也叫"长面"，有祝贺寿长百年之意，属于面食一种，以淀粉为主，但同时含有少量的蛋白质，若与牛肚搭配食用能使营养更加均衡。食用时若加入乌醋，风味会更好。"长寿面"非常适合老人食用，且寓意吉祥。

韩式冷面

- 人气指数：★★★☆
- 味型分类：酸甜

/ 材料 /

冷面200克，鸡蛋1个，水梨1个，小黄瓜半条，西红柿2片，牛肉1片，白萝卜20克

/ 调料 /

盐5克，味精少许，香油5毫升

/ 做法 /

1. 将水梨、白萝卜洗净后切成小薄片，而小黄瓜则切成条，鸡蛋煮熟取半个备用。
2. 将面煮熟，捞出过冷水冰镇，再装入碗中，放上备好的原材料。
3. 然后在碗内加入盐、味精、香油搅拌均匀即可食用。

🍴 大厨锦囊

制作本道菜时，煮冷面的时间不要过长，以免过烂而影响口感。番茄和白萝卜中都含有丰富的粗纤维，具有润肠通便的功效，与水梨搭配一起食用有润燥的功效。本道主食味美香甜，汤汁酸甜可口，许多女性都非常喜欢。

墨鱼蒸饺

人气指数：★★★☆
味型分类：甜

/ 材料 /

墨鱼300克，面团500克

/ 调料 /

盐5克，味精少许，白糖8克，麻油少许

/ 做法 /

1.墨鱼洗净后，剁成碎丁状，然后加入所有调味料一起拌匀成馅，待用。

2.将面团分切成块后，擀成面皮，再取20克馅料放置在上，然后将面皮包成三角形后，再捏制成金鱼状。

3.将包好的饺子放入蒸笼内蒸8分钟左右至熟即可装盘。

🍲 大厨锦囊

食用新鲜墨鱼时，记得一定要去除内脏，这样才能避免蒸饺变黑、变苦。另外，墨鱼肉极易煮熟，因此注意不要蒸过头，以免影响口感。墨鱼肉厚味美，具有很高的食用价值。本道主菜外观精美，汤汁浓厚，值得品尝。

冬笋鲜肉煎饺

人气指数：★★★☆
味型分类：鲜

/ 材料 /

猪肉馅400克，冬笋100克，面团500克

/ 调料 /

盐6克，味精少许，砂糖9克，麻油、淀粉各少许

/ 做法 /

1. 冬笋洗净，切成碎末，然后加入所有调味料及猪肉馅一起拌匀待用。
2. 面团揉匀后，用擀面杖擀成饺子皮，放入20克的馅料，再取一面皮覆盖，将边缘扭成螺旋状。
3. 将做好的饺子入锅蒸熟后取出，再入煎锅煎至金黄色即可。

大厨锦囊

包饺子前，冬笋要先用水煮过，以去除异味，然后再与食用油一起搅拌均匀，这样既保留了蔬菜的营养，不至于使水分流失，吃起来又鲜嫩可口，有较多的汤汁。本道主食吃起来香脆可口，相信能受小孩子的青睐。

双色馄饨

人气指数：★★★☆
味型分类：鲜

/ 材料 /

菠菜250克，胡萝卜1根，馄饨皮300克

/ 调料 /

盐1小匙，橄榄油适量

/ 做法 /

1.胡萝卜削皮洗净，切成四瓣，再入沸水中煮至熟软。

2.将煮熟的胡萝卜捣成泥，加橄榄油和盐和匀制成馅，包成馄饨。

3.菠菜去根洗净，切段。

4.锅里加4碗水煮沸，放进馄饨，煮至浮出水面，放入菠菜煮熟，加盐调味即成。

🍲 大厨锦囊

菠菜中含有丰富的B族维生素，能起到养血、止血、敛阴、润燥的作用；胡萝卜中含有丰富的胡萝卜素，能保护眼睛、明目亮眼，还能起到防癌抗癌、促进消化等作用。这道主食滋味鲜甜，入口则回味无穷。

三鲜小馄饨

人气指数：★★★★
味型分类：鲜

/ 材料 /

猪肉、馄饨皮各500克，蛋皮、虾皮、香菜各50克，紫菜25克

/ 调料 /

盐5克，味精1克，麻油少许，高汤适量

/ 做法 /

1.猪肉搅碎和盐、味精拌成馅。把馄饨皮擀成薄纸状，包入馅，捏成团即可。

2.在沸水中下入馄饨，加一次冷水即可，捞起放在碗中。

3.在碗中放下蛋皮、虾皮、紫菜、香菜末，加入盐、煮沸的高汤，淋上香油，即可食用。

🍴 大厨锦囊

猪肉的营养齐全，含有蛋白质、维生素、脂肪等，还含有多种矿物质，能起到补血、通乳、润肺化痰、补肾健脾等功效，作用众多。用猪肉和蛋皮、虾皮等制成馄饨，不仅外观精美，而且味道鲜甜可口，广受大家欢迎。

生煎葱花包

人气指数：★★★☆
味型分类：鲜

/ 材料 /

面粉200克，猪肉100克，鸡蛋1个，酵母粉5克，葱20克

/ 调料 /

盐15克，味精少许，砂糖15克

/ 做法 /

1. 先在面粉中加入水、砂糖、鸡蛋和酵母粉，和成面团。
2. 将猪肉剁碎，加入盐、葱花拌匀成馅待用。
3. 将面团分成同等大小的小团，然后将每个小团擀成薄圆块的面皮。
4. 在面皮中包入肉馅，待发酵后，放入锅中煎熟即可。

大厨锦囊

面团和好后，要发20分钟左右，这样擀出来的面皮才会均匀，而煎出来的包子香味也会更加的浓郁。要注意煎包子时火不能太旺，否则包子容易发黑。生煎包是上海的特色美食，非常适合作为款待客人之用。

南翔小笼包

人气指数：★★★★
味型分类：鲜

/材料/

面粉500克，猪五花肉500克，猪皮冻200克

/调料/

盐、白糖、味精、酱油、胡椒粉、黄酒各少许，姜末10克

/做法/

1. 将猪五花肉剁成末，猪皮冻切丁，加入调味料拌匀，制成馅心。

2. 在面粉中加入冷水，揉成团后搓成条，再分成小段，将小段擀成边薄底略厚的面皮，包入馅心，捏成包子形。

3. 上蒸笼用旺火蒸约8分钟，见包子呈玉色，底不粘手即是熟了。

🍲 大厨锦囊

"南翔小笼包"是上海郊区南翔镇的传统著名小吃，以皮薄、馅多、卤重、味鲜而闻名。在蒸制时不可蒸过火，以免包子穿底；另外，面团要揉透，否则不利于包制。"南翔小笼包"远近闻名，鲜嫩多汁，有嚼劲，值得品尝。

水晶叉烧包

人气指数：★★★★
味型分类：甜

/ 材料 /

淀粉、面粉各250克，叉烧200克

/ 调料 /

红糖20克

/ 做法 /

1. 将淀粉与面粉放入盆中，加入开水、红糖，用力拌匀。
2. 将发好的面粉团擀成皮，再切成巴掌大小的圆形。
3. 用面皮包住适量的叉烧，捏合，然后放入蒸锅中蒸熟即可。

🍲 大厨锦囊

叉烧是由猪里脊肉制成的，在烧烤过程中分解出来的油脂和糖分，可缓解火势而不使肉干枯。用叉烧当馅不仅味美，而且因为面皮薄而会透出叉烧色泽上的美丽。此道主食外观精美，爽滑可口，非常适合作为宴客菜使用。

豆沙双色馒头

👤人气指数：★★★☆
🍴味型分类：甜

/ 材料 /

面团300克

/ 调料 /

豆沙馅150克

/ 做法 /

1.面团分成两份，一份加入同等重量的豆沙和匀，另一份面团揉匀。

2.将掺有豆沙的面团和另一份面团分别搓成长条，再擀成长薄片，喷上少许水，叠放在一起。

3.从边缘开始卷成均匀的圆筒形。

4.切成50克大小的馒头生坯，醒发15分钟即可入锅蒸。

🍳 大厨锦囊

醒发好的面团在卷成卷的时候，注意一定要卷紧，以免之后入锅蒸的时候会裂开，从而影响美观。我们日常所指的豆沙，一般都是指红豆沙，经常被用于制作面点、甜点。本道点心的滋味香甜可口，入口软糯且带有嚼劲，适合宴客。

燕麦馒头

🍃 人气指数：★★★
🍃 味型分类：咸

/ 材料 /

低筋面粉、泡打粉、干酵母、改
良剂、燕麦粉各适量

/ 调料 /

砂糖100克

/ 做法 /

1.低筋面粉、泡打粉过筛与燕麦粉混合，再用刮
板开窝，加入砂糖、酵母、改良剂、清水拌至糖
溶化，将低筋面粉拌入，揉至面团纯滑。

2.用保鲜膜包起，静置，发酵约20分钟，然后用
擀面杖将面团压薄，卷起成长条状。

3.分切成每件约30克的面团，均匀排于蒸笼内，
用猛火蒸约8分钟熟透即可。

🍴 大厨锦囊

在制作过程中，注意一定要将面团揉均匀。燕麦是一种低糖、高营养且高能量的食
品，在日常生活中经常被用到，是很常见的杂粮。燕麦的经济价值很高，也具有一
定的食疗价值，具有降低胆固醇、平稳血糖等多种功效。

黄金火腿卷

人气指数：★★★
味型分类：甜

/ 材料 /

火腿2条，发酵面团250克

/ 调料 /

白糖适量，麻油500毫升

/ 做法 /

1.先将火腿切成条状备用；在面团中加入白糖揉匀后，分成15克一个的面团，接着将面团搓成长条状。

2.将搓好的面条一端捏在火腿一端，按逆时针方向卷起，再抓紧两头，同火腿一起捏紧。

3.将捏好的火腿卷放入烧热的麻油锅中；炸至金黄色，捞出装盘即可。

🐟 大厨锦囊

制作火腿卷时，一定要将两头同火腿一起捏紧，以免油炸时散开。火腿味甘咸，性温，有补脾开胃的功效，还能提高身体的免疫力，但火腿中含有亚硝胺成分，因此尽量不要过量食用。本道主食非常适合小孩食用。

羊肉泡馍

人气指数：★★★★
味型分类：鲜

/材料/

烙饼1个，黄花菜、木耳、红薯粉各50克，卤羊肉100克

/调料/

羊肉汤200毫升，大蒜、香菜各10克，盐4克，味精、胡椒粉各适量

/做法/

1.先将烙饼掰成小碎块，黄花菜、木耳洗净撕碎，红薯粉泡发，卤羊肉切片备用。

2.将掰好的烙饼放到锅里，加入羊肉汤，放入黄花菜、木耳、红薯粉、蒜煮熟。

3.加入盐、味精、胡椒粉拌匀，盛入碗内，放上切成片的卤羊肉，再撒上适量香菜即可。

🍲 大厨锦囊

"羊肉泡馍"是将干泡馍掰碎后泡在羊肉汤里食用，这样不仅能使馍吃起来松软，而且还带有汤的清香，吃起来相当滑嫩顺口。制作本道主食时，卤羊肉一定要选酥烂的，才是陕西特有的口味喔！想要吃泡馍的人可以尝试一下。

黄金元宝

人气指数：★★★★
味型分类：鲜

/ 材料 /

锅贴皮20个，猪肉100克

/ 调料 /

盐5克，味精少许，香油3毫升，
葱油5毫升，米酒5毫升，葱5克，
姜5克

/ 做法 /

1.将猪肉洗净后剁成肉泥，再把葱切小段、姜切末待用。

2.将姜、葱及所有调味料调入猪肉泥中拌匀，包入锅贴皮中。

3.在锅中倒油烧热后，放入锅贴，煎5分钟左右，至锅贴表面呈金黄色即可。

大厨锦囊

在制作锅贴馅料时，可以加入一点鸡蛋、虾肉会使锅贴更加美味。煎锅贴时必须用平底锅，在锅底略抹一层油，油温应控制在四五成热，以免火候过大而使锅贴煎焦。本道主菜酥脆可口，非常适合用于宴客。

香酥润饼

● 人气指数：★★★★
● 味型分类：甜

/ 材料 /

面粉500克，小黄瓜200克，大葱50克，肉馅50克

/ 调料 /

甜面酱100克

/ 做法 /

1.将小黄瓜洗净切细条，大葱洗净切丝，肉馅过油后和甜面酱调匀成蘸酱备用。

2.在面粉中加入些许清水，和成面团，搁置5分钟左右；然后将面团分成小块，擀成薄皮。

3.将面皮烙熟后取出，包住黄瓜、大葱和酱料即可食用。

🍲 大厨锦囊

润饼一般在"立春"吃，故称为春饼，在我国有着悠久的历史。润饼是用面粉制成的薄饼，烙饼时一定要用小火，才能烙熟而不烧焦。本道主食可搭配各种蔬菜食用，口味相当鲜美，相信会非常受小孩、女生喜爱。

吴山酥油饼

人气指数：★★★
味型分类：甜

/ **材料** /

面粉300克，鸡蛋1个，奶油300克

/ **调料** /

白糖适量，糖粉20克

/ **做法** /

1.取一部分面粉过筛加奶油、水、鸡蛋、白糖和成水油酥，2/5面粉过筛加奶油和成油酥。

2.将水油酥包入油酥，擀薄后折成3折，再擀薄然后折成4折。

3.重复擀薄后卷起切齐，切面朝上，再擀薄，最后放入油锅中炸至熟，装盘后撒上适量糖粉。

🍲 **大厨锦囊**

"吴山酥油饼"不仅外形美观，而且脆而不碎、油而不腻、入口酥软。擀面时，注意一定要厚薄均匀，这样油饼的酥层清晰，味道才会层次分明；油温也需控制在120℃，才能做出好吃的饼。本道小吃酥脆可口，百吃不厌。

黄桥烧饼

人气指数：★★☆
味型分类：咸

/ 材料 /

面粉500克，鸡蛋2个，猪油50克，火腿丁50克

/ 调料 /

盐少许

/ 做法 /

1.先将面粉倒入盆中，加入鸡蛋、猪油和盐，揉成面团。

2.火腿丁加猪油拌匀成馅料。

3.将面团揉匀，分切成小块，擀薄后包入馅料，做成长方形饼状。

4.将做好的饼放入烤箱中，烤至金黄色即可，烤时火温控制为120℃左右。

🍴 大厨锦囊

"黄桥烧饼"是江苏泰兴黄桥镇的名产，是用油酥和面，在饼内包馅制成的。烘烤时，需掌握好火候，烧饼才会酥脆焦黄；因加猪油才会有独特的香味，但不喜猪油者，可用奶油代替。烧饼根据客人口味喜好可以选作主食。

鸡蛋葱花飞饼

人气指数：★★★★
味型分类：甜

/ 材料 /

葱花15克，鸡蛋2个，面粉100克

/ 调料 /

椰浆8毫升，炼乳10毫升，盐4克，奶油10克

/ 做法 /

1. 将鸡蛋打入碗中，加入葱花、盐拌匀。面粉则加入椰浆、炼乳、水和成面团压扁，甩起至面饼成透明状。

2. 在玻璃面板上均匀地抹上一层油，然后将面饼平铺在面板上，倒上蛋液后将对边折起。

3. 锅子烧热后，加入奶油，放入制好的饼，用小火煎至两面呈金黄色即可。

大厨锦囊

在制作飞饼过程中，倒入蛋液后，饼的边缘一定要压紧，以免蛋液流出。置于锅中煎时，一定要掌握好火候，煎的时间不可过长，且要用锅铲轻压，以防止飞饼起泡。本道主食鲜嫩爽脆，尝起来香甜美味，值得尝试。

富贵黄金大饼

人气指数：★★★★
味型分类：甜

/ 材料 /

面粉500克，豆沙200克，白芝麻200克，泡打粉10克，酵母粉10克

/ 调料 /

白糖少许

/ 做法 /

1. 将面粉和成面团，分切成150克1个的小团，然后用手掌压扁，擀成面皮。
2. 在面皮上放入混有白糖的豆沙，包起后捏紧封口，按成大饼形，沾上白芝麻后，醒发30～50分钟，上蒸笼蒸10分钟左右取出。
3. 再将大饼下油锅，炸至金黄色即可。

🍴 大厨锦囊

炸大饼时，油温尽量控制在200℃左右，这样炸出的大饼才会金黄香脆；如果担心过于油腻，可以改用香煎的，或者在炸至半熟后，再放入烤箱内烘烤，这样可将油逼出。本道主食外观精美，香脆可口。

玉米粑粑

👍 人气指数：★★★☆
🍲 味型分类：甜

/ **材料** /

玉米400克，玉米粉50克，糯米粉50克

/ **调料** /

白糖50克

/ **做法** /

1.将玉米叶剥下留用，玉米粒洗净，搅成糊状，拌入玉米粉、糯米粉、白糖后拌匀，备用。

2.用玉米叶包住调好的玉米糊，上蒸笼蒸熟，即成玉米粑粑。

3.将蒸好的玉米粑粑下油锅煎至两面金黄，起锅，摆入盘中，即可上桌。

🍲 **大厨锦囊**

蒸的玉米粑粑有着清香，略带丝丝甜味；而煎的玉米粑粑外脆内软、香甜可口。制作玉米糊时，记得千万不要搅得太稀，留有一点玉米颗粒最好，这样入口时还有不同的口感。本道主食爽脆可口，值得尝试一下。

水果飞饼

人气指数：★★★★
味型分类：甜

/ 材料 /

面粉50克，香蕉15克，菠萝15克，苹果15克，炼乳10毫升，鸡蛋2个，椰浆10毫升

/ 调料 /

盐5克

/ 做法 /

1.先将炼乳、鸡蛋、盐加水调匀后，加入面粉，搓揉10分钟，再密封放置1小时。

2.将苹果、菠萝、香蕉切碎后，加入炼乳、椰浆调匀成什锦果酱。

3.取出面团，在光滑桌面上甩大后，放入果酱，包成四方形后，入锅煎熟即可。

大厨锦囊

甩制面团时，手法要轻，以免将面皮弄破，使什锦果酱溢出；而煎飞饼时火不要太大，以免将飞饼煎煳。此道菜有面的酥脆加上水果的香甜，吃起来相当地酥软可口。飞饼深受广大女性朋友欢迎，是值得端上餐桌的美食。

七彩银针粉

人气指数：★★★☆
味型分类：甜

/ 材料 /

面粉50克，淀粉50克，葱、韭黄各10克，甜椒5克，火腿30克，胡萝卜25克

/ 调料 /

盐、味精、砂糖、鸡精各2克，麻油2毫升

/ 做法 /

1.将葱、韭黄切段，甜椒、火腿、胡萝卜切丝，待用。

2.将面粉、淀粉和开水和成面团后，捏成竹签状，蒸3～4分钟。

3.将火腿炸至金黄色后捞起，与所有材料、调味料于锅中炒熟后，即可盛盘。

大厨锦囊

制作本道主食时，面团成形后应醒发20分钟左右，这样会使面团更加松软；另外选购火腿时，一般选用外观呈黄褐色或红棕色的，质量会比较好，因火腿多含盐分，所以添加的盐就不宜过多。本道主食鲜滑美味，值得尝试。

叉烧肠粉

人气指数：★★★★
味型分类：鲜

/ 材料 /

叉烧200克，河粉3张，芹菜1根

/ 调料 /

高汤180毫升，蚝油60毫升，砂糖
15克，水淀粉15毫升，胡椒粉、
麻油、香菜各少许

/ 做法 /

1.叉烧切片，河粉切成约20厘米长、10厘米宽的长条。

2.将芹菜洗净，切末，备用。

3.将河粉摊开，铺上叉烧，卷成长条状，置于已抹上油的盘内蒸8分钟左右。

4.然后将调味料调好味，淋在河粉上，再撒些芹菜末、香菜即可食用。

大厨锦囊

本道主食属于低胆固醇、高钠的食品，适合生产后的妇女食用。河粉含有大米及小麦的营养成分，属于利于肠胃吸收、好消化的主食。烹煮河粉时要注意，不要将其煮烂。肠粉是非常适合当主食食用的，也可以作为宴客美食。

小榄粉果

/ **材料** /

瘦肉、肥肉各50克，胡萝卜20
克，淀粉50克

/ **调料** /

猪油20克，盐5克，砂糖3克，鸡
精2克，胡椒粉5克，蚝油5毫升，
香菜10克

/ **做法** /

1. 瘦肉、肥肉剁泥，胡萝卜切丝，香菜切末后，
将上述材料拌匀，调入调味料做成馅料。
2. 猪油、淀粉加入少许水和成团后，分成5份，
包入馅料。
3. 将做好的粉团放入蒸笼，蒸约5分钟至熟即可。

> 🍳 **大厨锦囊**
>
> 小榄粉果的皮与形状类似水晶饺，但较虾饺略大，风味与虾饺不同。粉果可以隔水
> 蒸熟，也可以用油煎炸，为煎粉果。制作本道菜时，淀粉、油、水的比例要调好。
> 本道主食外观小巧精致，美味可口。

小小刺猬酥

人气指数：★★★★
味型分类：甜

/ 材料 /

油酥面团100克

/ 调料 /

黑芝麻5克，豆沙馅50克

/ 做法 /

1.豆沙搓条，分切后搓成圆球形，油酥面团分切小块后，擀成圆形薄片，放入豆沙馅，包起，捏紧封口，制成刺猬身形。

2.再用剪刀将面皮剪起，制成尖刺状，然后沾上黑芝麻，当作刺猬的眼睛。

3.放入烤箱中，用下火170℃、上火180℃的温度，烤20分钟左右即可。

🍴 大厨锦囊

制作本道点心的过程中，面皮千万不要擀得过薄，开口也一定要捏紧，这样才能防止在包入豆沙馅时，面皮因此破裂。用剪刀剪面皮时，也不要剪得太深，以免把豆沙馅都剪出来，影响美观。本点心很受小孩子欢迎。

宫廷鲍鱼酥

👍 人气指数：★★★★
🍮 味型分类：甜

/ 材料 /

鲍鱼1只，猪肉10克，火腿1克，
面粉20克，猪油10克，奶油10克

/ 调料 /

盐、味精、鸡精、砂糖、麻油各
适量

/ 做法 /

1. 面粉、猪油、奶油和砂糖加水揉成面团，擀成薄面皮，对折后将面皮切条，旁边厚度稍高的面皮，则分切下来切块，做点心底备用。

2. 鲍鱼、猪肉、火腿切丁，加入调味料炒熟后，包入面皮中，再将包馅的面团置于点心底上，炸至金黄即可。

🍴 大厨锦囊

"宫廷鲍鱼酥"的馅料种类丰富，成品吃起来松软可口。制作时须注意面皮的对折要重复多次，吃起来才有层次感。另外，此道甜点的材料是一人份的，可依人数需要倍数增加。本点心极具观赏性，入口酥脆，美味可口。

金玉桃酥

★ 人气指数：★ ★ ★ ☆
● 味型分类：甜

/ 材料 /

面粉250克，鸡蛋2个，核桃仁15克，酥油50克，动物油50克

/ 调料 /

糖粉100克，臭粉3克，苏打粉2克

/ 做法 /

1.将糖粉、鸡蛋、苏打粉、臭粉拌匀后，与面粉、动物油和酥油一起揉搓均匀，至面结成块状，放在桌面上，叠压、搓揉至面团光滑。

2.面团搓成条，分成20克一个的小团，再搓成圆球形，压扁后刷上蛋液，放上核桃仁，再放入烤箱，烤20分钟即可。

🍴 大厨锦囊

烤制时，烤箱要先预热到180℃，再用上火180℃、下火170℃的温度烘烤，记得烤盘上要先刷上奶油，或放上烘焙纸。另外，其中的核桃也可以换上花生或杏仁等喜爱的坚果类。本点心很受女性朋友欢迎，美味可口。

喜庆双麻酥

- 人气指数：★★★★
- 味型分类：甜

/ 材料 /

面粉250克，鸡蛋1个，酥油50克，猪油50克，白芝麻100克

/ 调料 /

糖粉100克，臭粉3克，苏打粉2克

/ 做法 /

1. 所有原材料（除白芝麻）和调味料和成面团后，再搓成条状，然后分切成20克一个的小团。

2. 将面团搓成中间大两头小的形状后，再压扁，修成规则的形状，在两面都沾上白芝麻。

3. 将做好的生面团放入烤箱中，烤20分钟左右，即可取出。

🍲 大厨锦囊

"臭粉"就是阿摩尼亚粉，主要是制作泡芙类食品的化学膨胀剂。制作双麻酥时，面团一定要醒发20分钟，这样制出的酥饼会更加可口。另外，猪油可在点心专卖店购得，如吃素可以用白油取代。本点心寓意美满，非常适合宴客时食用。

开口金粒酥

人气指数：★★★★
味型分类：甜

/ 材料 /

玉米1000克

/ 调料 /

淀粉100克

/ 做法 /

1. 将玉米洗净后，用水果刀小心剥下玉米粒。
2. 把剥下的玉米粒沥掉过多水分，然后加入淀粉搅拌均匀。
3. 锅中加油烧至四成热，将拌好的玉米粒放入油锅中，直至拌好的糊铺满整个平底锅面后，煎炸熟就可取出，切成适当的大小即可。

🍴 大厨锦囊

炸金粒酥时，时间不要过长，油温也不可过高，应该用中火炸，这样金粒酥才会外表香脆，里面香嫩多汁。玉米具有开胃、调理中气的功效，还因为含有丰富的钙质，所以能降血压。本点心广受大众欢迎，属于饭后常用甜点。

洋葱鸡丁酥

人气指数：★★★☆
味型分类：甜

/ 材料 /

洋葱50克，鸡肉25克，面团100克，酥皮100克，鸡蛋1个

/ 调料 /

盐3克，味精5克，砂糖7克

/ 做法 /

1.洋葱去皮洗净切丁，鸡肉切丁，再将鸡肉、洋葱炒香，加入调味料后炒匀盛出。

2.取酥皮，放入馅料，用另一张酥皮覆盖在上面，再用圆形模具压成圆形，刷上蛋黄液。

3.放入烤箱中，用上火200℃、下火150℃的温度烤10分钟即可。

大厨锦囊

制作本道点心时，若先用奶油炒洋葱和鸡肉，味道会更香。洋葱有杀菌的功效，还可以降低血脂、预防骨质疏松症，而且洋葱的保健功效，在12小时内就可见效，但不可多食，以免胀气。本点心不仅适合宴客，平日里也可自己尝试制作。

飘香榴莲酥

人气指数：★★★★
味型分类：甜

/ 材料 /

榴莲150克，鸡蛋4个，面粉500克

/ 调料 /

糖粉100克

/ 做法 /

1. 将榴莲肉完整取出后，切成小块备用。把面粉、鸡蛋3个、糖粉加适量水揉和成面团，醒发20分钟左右。

2. 将醒发好的面团反复揉搓，至面团表面光滑不黏手后待用。

3. 然后把面团分切成小团，按扁后，包入榴莲肉，刷上蛋黄液，放入烤炉烤至金黄色即可。

大厨锦囊

广东名点的飘香榴莲酥，水果味浓郁清香，烤出来外皮酥脆、香甜可口。但制作本道甜品时，要掌握好烤箱的温度，可以在烤到一半时，再刷上一次蛋黄液，这样烤出来的榴莲酥会更有光泽。本道点心深受女性朋友欢迎。

泰国榴莲酥

- 人气指数：★★★★
- 味型分类：甜

/ 材料 /

面皮4张，海苔1张，榴莲50克

/ 调料 /

砂糖20克

/ 做法 /

1.先将榴莲捣成泥馅，加入砂糖拌匀；海苔则切成细条状备用；把面皮擀薄后，取适量榴莲馅，置于面皮之上。

2.用面皮将馅料卷起，接合处用一点力捏紧，再用海苔条，将面皮的两端扎起。

3.将做好的榴莲酥面团放入油锅中，以小火炸至金黄色即可。

🍴 大厨锦囊

制作本道点心时，扎面皮的手法要轻，否则海苔条会断掉。榴莲含有膳食纤维，可以用来减肥。不敢吃榴莲的人，可以用各种适合的水果代替，如苹果，但苹果要先和砂糖煮成酱。喜欢榴莲的人也可以尝试自己做一做。

特色萝卜酥

人气指数：★★★☆
味型分类：咸

/ 材料 /

面粉20克，白萝卜20克，猪肉馅10克，火腿5克

/ 调料 /

盐2克，味精2克，鸡精2克，麻油2毫升，糖粉8克，猪油10克，牛油10克

/ 做法 /

1.将面粉、猪油、牛油、糖粉加水擀成薄面皮，对折后继续擀匀，重复至层次状后，将皮切条。

2.白萝卜、火腿切丁和猪肉馅及剩下的调味料一起放入锅中炒熟，然后将其包入面皮中。

3.最后入油锅炸至金黄色，即可食用。

大厨锦囊

用猪肉、面粉和白萝卜制成的萝卜酥可滋阴、润燥、提神、强身。挑选白萝卜时，抓住白萝卜的叶子，将其倒过来，然后弹弹白萝卜，就跟选西瓜一样，声音清脆厚实者为佳。本点心外观好看，入口酥脆，美味可口，可根据客人口味选做。

蜜汁叉烧酥

人气指数：★★★★

味型分类：甜

/ 材料 /

面粉500克，鸡蛋2个，叉烧500克，猪油100克

/ 调料 /

糖粉10克

/ 做法 /

1.将叉烧切成小丁，再和面粉煮成蜜汁叉烧馅备用；另外，把面粉、蛋、糖粉和猪油加适量水揉成面团。

2.将面团擀薄，反复3次折叠后，擀成大薄片，再切成长5厘米、宽4厘米的小块。

3.包入馅料，入烤箱烘烤至金黄色即可。

大厨锦囊

制作本道甜点时，和好的面团要醒发30分钟左右，这样烘烤出来的酥饼会更加酥软。烘烤时，要掌握好时间，不可过长，以免烤焦或变硬而影响口感，烤箱温度要控制在180～220℃。喜欢叉烧的人可以适当多吃。

黑糯米糕

人气指数：★★★
味型分类：甜

/ 材料 /

黑糯米500克，莲子4颗，芝麻适量

/ 调料 /

砂糖150克

/ 做法 /

1.先用温水将黑糯米浸泡3小时左右，至黑糯米泡发，然后用清水洗净后，要完全沥干水分。

2.在沥干的糯米中加入砂糖150克，一起搅拌均匀（也可加一点点盐提味）。

3.再将拌好的糯米装入锡纸杯中，中间放上一颗莲子，就可以上蒸笼蒸40分钟左右至熟，取出后再撒上一点芝麻即可。

🍴 大厨锦囊

制作本道甜点时，黑糯米泡的时间要长，蒸出的成品才会软，不然很容易会吃到很硬的米心。莲子中钾的含量很高，可促进新陈代谢，与黑糯米同食具有安神养心的作用。本点心外观精美，非常适合女性朋友食用。

香甜菊花酥

人气指数：★★★★
味型分类：甜

/ 材料 /

酥皮80克，酥油60克，奶粉60克，鸡蛋1个

/ 调料 /

糖粉50克，盐少许

/ 做法 /

1.将糖粉、盐和酥油揉均匀，再加入奶粉揉匀，切分成20克一个的小团，再搓成圆球形，就是奶酥馅。

2.取一张酥皮，放入奶酥馅，包起后擀薄，再用剪刀将边缘剪开，开口翻转向上制成菊花形。

3.刷上蛋黄液后，烤20分钟左右即可。

🍴 大厨锦囊

注意制作这种甜点，要用上火180℃、下火170℃的温度烘烤，另外翻转过程的手法一定要轻，以免使其变形；菊花酥的形状美观、讨喜，有如盛开的菊花般，口感酥松、味道香甜。本点心外观精美，入口酥爽。

姜汁糕

● 人气指数：★★★☆
● 味型分类：甜

/ 材料 /

马蹄粉250克，淀粉50克，牛奶100毫升

/ 调料 /

砂糖400克，姜汁25克，生油少许

/ 做法 /

1. 牛奶加入清水拌匀。
2. 加入淀粉拌匀，然后加入马蹄粉拌匀，然后加入姜汁拌匀备用。
3. 方盘扫上生油，将拌好的面糊倒入少许，然后烫平，以大火蒸约4分钟蒸熟。
4. 取少量稍凉后，加入面糊再蒸，反复多次即成。

🍳 大厨锦囊

制作时，方盘底边和四壁要扫上生油，以免面糊黏在盘子上面，不易取出。牛奶中富含钙元素，能起到增高助长、助眠补虚等多种作用。本款点心老少皆宜，尤其受女性、小孩喜爱，口感软糯爽滑，滋味香甜细滑，适当食用有益。

清香绿茶糕

人气指数：★★★★
味型分类：甜

/ 材料 /

绿茶粉200克，鱼胶粉200克

/ 调料 /

白糖30克

/ 做法 /

1.将绿茶粉、鱼胶粉放入碗中，再加入适量开水，搅拌均匀待用。

2.在拌好的绿茶水中加入白糖，搅拌均匀至白糖完全溶化。

3.将制好的绿茶水倒入盘子中，再放入冰箱，冻至凝固，取出切成块即可，或者可直接用适合的模具制作。

🍴 大厨锦囊

制作本道点心的过程中，加入开水搅拌绿茶粉时，水量要适中，以免太稀而使得冰冻出来的绿茶糕易碎；装入模具中的绿茶水一定要放凉后才能放进冰箱；鱼胶粉可用平常的吉利丁代替。饭后食用本点心，能起到清热、去腻的作用。

迷你桂花糕

人气指数：★★★★
味型分类：甜

/材料/

糯米粉50克，豆沙馅200克，桂花糖粉50克

/调料/

动物油50克，色拉油50毫升

/做法/

1.糯米粉中加沸水、动物油揉成团，再擀成薄约3厘米厚的长方形，包入条状豆沙后卷起，封口要粘牢。

2.将面团放入蒸笼中蒸至表皮呈透明状。

3.在蒸好的糕点表面刷上油，撒上桂花糖粉，切成条状即可。

🍴 大厨锦囊

本道甜点宛如一个透色白玉，而且甜而不腻，带有阵阵桂花的香气。桂花气味浓郁，前人就常用桂花酿酒，其入药有化痰、止咳、生津、止痛等功效。带有桂花香的桂花糕，口感细软、润滑可口。本点心适合多个年龄层的人食用。

椰蓉南瓜糕

● 人气指数：★★★★
● 味型分类：甜

/ 材料 /

南瓜150克，糯米粉40克，椰蓉
30克

/ 调料 /

糖8克

/ 做法 /

1.南瓜去皮、去瓤，切成片，入蒸笼中蒸熟后趁热捣碎成泥。

2.在捣碎的南瓜泥中加糯米粉、糖拌匀，再加适量的水煮一下，然后熄火，待凝固，切成方形的片。

3.分别将南瓜片入平底锅中煎，待表面脆黄，盛盘，裹上椰蓉即可。

● 大厨锦囊

南瓜又叫饭瓜，含有丰富的维生素C和胡萝卜素，适当食用，能起到一定的食疗功效。本道点心由于外表裹了椰蓉，尝起来先是酥脆的口感，入口之后，则可以感受到南瓜细滑的口感逐渐散发开来，口味香甜软糯。

香麻软煎饼

人气指数：★★★
味型分类：甜

/ 材料 /

黑芝麻100克，淀粉100克，糯米粉50克

/ 调料 /

奶油20克，糖粉50克，炼乳5毫升

/ 做法 /

1.将黑芝麻洗净，入锅炒香后盛入碗中，加入糖粉，用擀面棍压碎待用。

2.将淀粉和糯米粉、炼乳、奶油、黑芝麻碎粒加适量清水揉成面团。

3.揉匀后，取60克面团搓成球形，将其按扁成饼形。

4.然后放入锅中煎至两面酥脆即可。

🍴 大厨锦囊

注意本道点心，要用小火慢煎，才会香脆。黑芝麻又称之为胡麻，含有不饱和脂肪酸、蛋白质，还有多种维生素、芝麻素和卵磷脂，是滋养肝肾、养血、美容的好帮手。本甜点尝起来软糯可口，喜食芝麻的人尤其可以多尝试。

香煎黑米饼

👤 人气指数：★★★☆
🍴 味型分类：甜

/ 材料 /

黑糯米250克，淀粉100克，奶油20克，糯米粉100克

/ 调料 /

砂糖50克，炼乳5毫升

/ 做法 /

1. 将黑糯米煮熟后捞出，加入砂糖、奶油拌匀后，再加入糯米粉和其他材料拌匀成面糊。
2. 然后在锅中放入心形模具，将面糊倒入模具内煎一下后，取下模具，做成心形。
3. 再将黑糯米面饼稍稍按扁，然后以小火煎至两面酥脆即可。

🍳 大厨锦囊

在煎黑糯米饼的过程中，要不停地翻面，以免饼煎焦了。另外多吃黑糯米具有开胃、明目、活血的功效，能滋补贫血、久病痊愈者的血气，是很好的健康食品。本道点心外观精美，可谓别出心裁，非常适合宴客享用。

红豆酥饼

人气指数：★★★★
味型分类：甜

/ 材料 /

红豆50克，水油皮60克，酥油30克，鸡蛋1个

/ 调料 /

白砂糖10克

/ 做法 /

1. 将红豆煮烂后，调入白砂糖拌匀，然后用勺子将红豆压成泥。
2. 将水油皮、酥油做成饼皮后，放入馅料，然后将其包起，最后用手掌按扁。
3. 在面团上均匀地刷上蛋液，放入烤箱，用上火150℃、下火100℃的温度烤12分钟左右即可。

🍲 大厨锦囊

红豆煮前可以先泡水约4小时，冬天则要6小时，煮的时候水不要放太多，盖上锅盖开大火，煮开后还要焖10~20分钟，再加水煮10~20分钟，来回约3次就可以让红豆绵密。这道甜品香甜酥爽，是深受女性朋友欢迎的甜点。

孔雀绿仁饼

人气指数：★★★★
味型分类：咸

/ 材料 /

南瓜仁150克，面粉200克，无盐奶油120克，鸡蛋2个

/ 调料 /

盐2克

/ 做法 /

1.先将面粉、无盐奶油、蛋黄和盐混合，搓揉成面团。

2.再把南瓜仁和面团和匀后搓成长条，分成20克左右的小面团待用。

3.然后将面团擀成薄片状，放入烤箱中，用上火160℃、下火150℃烤15分钟左右即可取出。

🍲 大厨锦囊

此点心薄脆可口，会让人忍不住一口接一口地品尝；制作时，可以加入花生仁或杏仁片，这样烤出来的酥饼就会有不同的风味；或者可以在面团中加入巧克力粉，制成巧克力酥片。本道点心酥脆可口，还极具观赏性。

巧克力饼干

人气指数：★★★★
味型分类：甜

/ 材料 /

面粉160克，玉米粉50克，鸡蛋1个，巧克力50克，酥油150克，奶油5克

/ 调料 /

糖粉200克

/ 做法 /

1. 将奶油、酥油搅打均匀后，加入蛋白打至起泡，再加面粉、玉米粉、糖粉拌匀。
2. 巧克力加水溶化后，放入面糊里拌匀，再倒入挤花袋中，挤成三个圆形拼在一起的形状。
3. 将挤成形的面糊放入烤箱中烤15分钟左右即可取出。

大厨锦囊

如果手边没有挤花袋，可以用厚一点的塑料袋代替，只要在一角剪一个缺口；若有时间就在缺口上装上圆管，如用胶布缠上剪短的珍珠奶茶的吸管也可以，只是没有花型而已。本道点心酥脆可口，可以作为宴客甜点，平时也可自己尝试制作。

豆沙饼

🍵 人气指数：★★★★
🍲 味型分类：甜

/ 材料 /

春卷油皮适量，圆粒豆沙馅、炒熟芝麻、炒熟花生各适量

/ 做法 /

1. 先将炒熟花生压碎，加入炒熟芝麻，再放入豆沙馅拌匀。
2. 将拌好的馅料搓紧，放在春卷皮其中一边，然后将馅料卷起，压平，分切成块，排于碟中。
3. 用平底锅加入生油，将饼坯煎透即可。

🍴 大厨锦囊

豆沙主要指的是红豆沙，就是将红豆浸泡、煮熟后碾压成泥，再加入油、糖浆、甜酱等混合制成的。豆沙不仅是制作月饼的主要馅料之一，也是许多精美点心的必备馅料，尝起来软糯香甜，非常好吃。这道点心很受孩子欢迎。

芝麻芋蓉卷

人气指数：★★★★
味型分类：甜

/ 材料 /

面包1袋，芋头500克，鸡蛋2个，牙签数根

/ 调料 /

糖粉、炼乳、奶粉各适量，白芝麻少许

/ 做法 /

1.将面包去边，蛋打散搅拌均匀后备用。

2.芋头去皮洗净后切片，上蒸笼蒸熟后捣成泥状，再加入糖粉、炼乳、奶粉混合均匀后，制成芋蓉。

3.将面包片摊开，抹上适量芋蓉后卷起用牙签插紧，再将面包两头沾上蛋液、白芝麻，下油锅炸熟，起锅后，再把牙签抽掉即可。

🍳 大厨锦囊

炸制本品时油温不可过高，也不可一次炸太多，因为内容物都已经是熟的，所以很容易炸焦，要非常注意。白芝麻中含有丰富的不饱和脂肪酸和维生素E，能抑制胆固醇、脂肪吸收。本道点心极具观赏性，入口鲜甜。

花生饼干

👐 人气指数：★★★★
🥄 味型分类：甜

/ 材料 /

面粉160克，玉米粉50克，鸡蛋1个，花生米50克，酥油150克，奶油5克

/ 调料 /

糖粉200克

/ 做法 /

1. 将奶油、酥油搅打均匀后，加入蛋清打至起泡，再加面粉、玉米粉和糖粉拌匀。

2. 将面糊倒入挤花袋中，挤成花朵状。将花生米用刀压碎，然后将花生碎撒在花朵中央。

3. 将面糊放入烤箱中，用上火170℃、下火150℃的温度烤15分钟左右即可取出。

🍴 大厨锦囊

花生容易发霉，因此制作本品时，应选用干燥后的花生米，浸泡30分钟左右再制作。如果将打好的面糊先放入冰箱冷冻10分钟左右，会较易制成所需的形状。本道点心广受大众欢迎，外观精美雅致，入口酥脆香甜。

椰汁西米布丁

人气指数：★★★☆
味型分类：甜

/ 材料 /

椰汁50克，玉米粉30克，西米露适量，鲜奶300毫升，吉利丁粉70克

/ 调料 /

砂糖30克，冰块适量，凉开水20毫升

/ 做法 /

1. 将椰汁、砂糖、鲜奶、凉开水搅拌均匀。
2. 加入吉利丁粉，再用热水使砂糖和吉利丁粉完全溶解。
3. 接着再加入玉米粉搅拌均匀后，倒入煮好的西米露和冰块，搅拌至冰块溶解。
4. 倒入模具内至八成满，放入冰箱冷藏。

🍲 大厨锦囊

制作本品时，一定要慢慢地搅拌均匀，以免吉利丁粉凝结成块。椰子汁甘甜爽口又具有生津止渴之功效，常用来制作许多糕点，但肠胃不好的人不宜过多食用。本道点心适合多个年龄层，尤其适合喜爱吃甜食的女性和小孩。

如意菠萝包

人气指数：★★★★
味型分类：甜

/ 材料 /

面粉200克，菠萝肉150克，猪油20克，卡士达粉5克，鸡蛋1个，鲜奶30毫升

/ 调料 /

糖粉30克，面包发酵粉5克

/ 做法 /

1.先将面粉、猪油、卡士达粉、糖粉和发酵粉拌匀，加入清水、鲜奶，搓成面团，再分成12个小面团。

2.菠萝肉切碎备用。

3.将小面团擀扁后，把菠萝肉包入，醒发1小时左右后，刷上一层蛋黄液。

4.然后放入200℃的烤箱烤15分钟即成。

大厨锦囊

制作本道点心时，菠萝肉一定要先在盐水中浸泡一段时间，且面团的发酵时间要长一些。菠萝中的蛋白质分解酵素有促进消化的功效，还含有丰富的维生素B_1。本道点心广受小孩子欢迎，外观精美，尝起来清甜可口。

雪衣豆沙

● 人气指数：★★★☆
● 味型分类：甜

/ 材料 /

豆沙馅、淀粉各200克，鸡蛋2个

/ 调料 /

糖粉20克

/ 做法 /

1. 先将豆沙馅分成小块，然后搓成小球状；然后将蛋白搅打均匀成糊状待用。
2. 将蛋白中加入淀粉搅拌均匀后，再把豆沙球放入其中，裹一圈浆糊，然后入油锅中炸至金黄色后捞出。
3. 把炸好的豆沙球沥干油后，摆入盘中，再撒上糖粉即可食用。

🍵 大厨锦囊

制作本道点心时，蛋白一定要打匀，才会呈现雪花的感觉，入口才会绵密。豆沙馅一般可以用红豆沙、绿豆沙，其实还可以用其他馅料代替，如梅子馅、抹茶馅、奶油馅等，依个人喜好选用。这道甜品香甜清爽，美味可口。

珍珠金沙果

人气指数：★★★★
味型分类：甜

/ 材料 /

面团300克，西米100克，卡士达粉60克，奶粉30克，澄粉、玉米粉各少许

/ 调料 /

白砂糖、白油各20克，动物油30克

/ 做法 /

1.将卡士达粉30克、奶粉、澄粉、玉米粉、白砂糖、白油、动物油一起混合成馅料备用。

2.将面团加入剩下的卡士达粉揉好后，擀成面皮，中间放入馅料，将封口处捏紧。

3.将西米泡发20分钟左右，然后均匀地裹在制作好的面团外皮上，再放入锅中蒸6分钟左右，至熟即可。

大厨锦囊

制作本道点心时，搓揉好的卡士达面团，一定用保鲜膜包好，醒发20分钟左右。这次制作的内馅，就是所谓的奶黄馅，也可包入卡士达馅，同样香滑可口、香甜好吃。本道点心外观靓丽精致，入口软糯可口，适合多个年龄层的人食用。

金黄酥皮蛋挞

🔥 人气指数：★★★★
🍃 味型分类：甜

/ 材料 /

面粉60克，鸡蛋2个，猪油、奶油
各适量

/ 调料 /

砂糖20克，糖粉20克

/ 做法 /

1.先把面粉、猪油、奶油拌匀成油酥面团备用；
然后把面粉加入糖粉和水，揉匀成面团，擀平，
放入酥油面团，对折后再擀平，反复两次后，分
切放入蛋挞模型中，用力按成盏形。
2.鸡蛋加水、砂糖调匀，倒入蛋挞皮中。
3.将蛋挞放入烤炉，以上火180℃、下火150℃
的火温烤熟即可。

🍲 大厨锦囊

制作本道甜点时，皮一定要擀薄、多折叠几次，烤制出的蛋挞层次才会丰富、才会
酥脆。蛋水中其实还可以加入不同的酱汁，如榛果酱、巧克力酱、椰汁、咖啡，可
以制作出不同的口味。本道甜点外观精美，品尝起来香甜酥脆。

酥皮燕窝蛋挞

👍 人气指数：★★★★
🥄 味型分类：甜

/ 材料 /

燕窝2克，面粉20克，猪油10克，
鸡蛋1个，奶油8克

/ 调料 /

糖粉15克，砂糖10克

/ 做法 /

1.先把面粉、猪油、奶油拌匀成油酥面团备用；
然后把面粉加入糖粉和水，揉匀成面团，擀平，
放入酥油面团，对折后再擀平，反复两次后，分
切放入蛋挞模型中，用力按成盏形。

2.将鸡蛋加水、砂糖和燕窝，调成蛋水，倒入蛋
挞皮中，再入烤箱烤20分钟即可。

🍴 **大厨锦囊**

烤制蛋挞时，上火温度应为200～280℃，下火温度为200～250℃，要随时注意蛋挞
的变化来调整温度。本道点心老少皆宜。虽然蛋挞香酥可口，但是热量、油量都很
高，胆固醇相对的也过高，因此还是不要食用过多。

心心相印

人气指数：★★★★
味型分类：甜

/ 材料 /

无盐奶油70克，酥油70克，鸡蛋1个，面粉180克，奶粉20克，苏打粉2克

/ 调料 /

红梅果酱10克，糖粉40克，巧克力粉5克

/ 做法 /

1.将原材料和糖粉揉和成面团后，取一半加入巧克力粉和匀擀薄，用心形模具按压成心形，另一半也同样擀薄，压成心形。

2.再将巧克力的面皮，用小的心形模具在中间挖空，再和另一种面皮叠放在一起。

3.烤10分钟取出，然后在中间挤上果酱。

🍳 大厨锦囊

制作本道点心，也可以用水果在上面做装饰，或用其他喜欢的果酱代替红梅果酱。擀制的面皮要有一定的厚度，不可太薄；烘烤要用上火170℃、下火160℃的温度。本道点心寓意美满，尤其适合在结婚等喜庆的宴席上食用。

笑口常开

人气指数：★★★★
味型分类：甜

/ 材料 /

面粉250克，苏打粉2克，鸡蛋1个

/ 调料 /

糖粉150克，白芝麻少许

/ 做法 /

1.在面粉中打入鸡蛋，再加入糖粉和苏打粉，用力搓揉，制成面团。

2.将面团反复叠压均匀，至面团表面光滑，将其分切成20克一个的小团，揉成圆球形后，均匀地沾裹上白芝麻。

3.然后放入油锅中，炸至开口，且颜色呈金黄色，捞出沥油即可。

🍴 大厨锦囊

炸制本道点心时，油温大约维持在160℃即可。油炸时可以将面团做适当的上浆处理，再进行高温油炸。这样炸出来的开口笑外皮会更酥脆，内里则有松软的口感。本道点心寓意美好，非常适合作为宴客甜点食用。

推荐套餐

PART6

没 有时间构思如何搭配菜品？这里有专为想宴客的人群准备的"推荐菜单"。根据宴客人数来搭配菜例，一桌子宴客菜为你安排妥当，轻松为你解决点菜的烦恼。

吉祥如意宴席

4人以下套餐

　　吉祥如意，多用作祝颂他人美满称心，可用于多种场合的称赞。本宴席适合小家庭、小团体聚餐，不论关系亲疏，皆可和乐围聚一桌，举杯同庆。

大厨建议开席顺序

吉祥如意宴席图示

❶前菜
白灼菜心

❷主菜
兔肉萝卜煲

❸主菜
杏鲍菇扣西蓝花

❹主食
大麦红豆粥

财福双至宴席

6~8人套餐

财福双至，意指福德与财宝纷至沓来。即使人数不多，但只要是寓意吉祥、卖相精美的菜品，都能组合出色彩艳丽的宴席，在大饱口福的同时享受浓情美意。

大厨建议开席顺序

财福双至宴席图示（一）

❶ 前菜
蒜泥拌海蜇丝

❷ 主菜
西芹牛肉卷

❸ 主菜
清蒸开屏鲈鱼

❹ 主食
扬州炒饭

财福双至宴席图示（二）

⑤汤品
淡菜萝卜豆腐汤

⑥主菜
东坡肉

⑦主菜
美味酱爆蟹

⑧主食
西葫芦蛋饺

⑨主菜
蒜香蒸南瓜

⑩主食
马拉盏

百福迎春宴席

8~10人套餐

农历正月初一即为春节，是我国的传统节日，人们都会为了迎接新年的到来。而本款宴席象征新生、和睦、团圆、幸福，适合于作为团圆宴、合家宴等。

大厨建议开席顺序

百福迎春宴席图示（一）

❶ 前菜
卤黄豆

❷ 前菜
卤水牛肚

❸ 主菜
三杯鸡

❹ 主菜
金牌口味蟹

百福迎春宴席图示（二）

⑤汤品
黄豆蛤蜊豆腐汤

⑥主食
腊味双丁炒饭

⑦主菜
椒盐排骨

⑧主菜
香菇炖猪蹄

⑨主菜
红烧小土豆

⑩主菜
炒黄花菜

百福迎春宴席图示（三）

⑪汤品
党参玉米猪骨汤

⑫主菜
金麦酿苦瓜

⑬主食
鲜虾饺

⑭主食
芝麻饼

锦绣富贵宴席

10~14人套餐

锦绣富贵意在祝福他人可以财源广进、衣锦还乡，又能儿孙满堂、家庭美满，总之是寓意吉祥。本宴席可用于谢师宴、寿辰宴等，菜品丰富，食之能喜不自禁。

大厨建议开席顺序

锦绣富贵宴席图示（一）

 ❶ 前菜
酒卤鸭脖

 ❷ 前菜
锅塌豆腐

 ❸ 主菜
豉油蒸鲤鱼

 ❹ 主菜
莴笋炒蛤蜊

 ❺ 主菜
油麦菜炒香干

锦绣富贵宴席图示（二）

⑥主菜
土豆烧鸡块

⑦汤品
山药甲鱼汤

⑧主食
水晶包

⑨主食
芝麻球

⑩主菜
马蹄炒芹菜

⑪主菜
茶树菇核桃仁小炒肉

锦绣富贵宴席图示（三）

12 汤品
滋阴养颜汤

13 主菜
蒜香大虾

14 主菜
红酒焖洋葱

15 主菜
肉末蒸丝瓜

16 主食
炸春卷

鸿图展翅宴席

14~16人套餐

鸿图展翅意指事业有所成就，能大展拳脚。本宴席适用于毕业聚会、谢师宴、庆功宴等，在菜肴搭配、食材选取上都较考究，让您在宴席中心满意足。

🍴 大厨建议开席顺序

鸿图展翅宴席图示（一）

❶前菜
西瓜翠衣拌胡萝卜

❷前菜
心里美拌海蜇

❸主菜
酱汁狮子头

❹主菜
白菜炒菌菇

鸿图展翅宴席图示（二）

❺主菜
茄汁石斑鱼

❻主菜
红烧素鸡

❼汤品
萝卜排骨汤

❽主食
干贝蛋炒饭

鸿图展翅宴席图示（三）

❾主菜
蚝油茭白

❿主菜
茼蒿香菇炒虾

⓫主菜
红烧龟肉

⓬汤品
燕窝鸡丝

鸿图展翅宴席图示（四）

⑬**主菜**
洋葱番茄鸡排

⑭**主食**
草莓樱桃苹果煎饼

⑮**主菜**
莴笋烧豆腐

⑯**主菜**
鱼香杏鲍菇

⑰**汤品**
哈密瓜酸奶

⑱**主食**
马蹄虾球

如意好景宴席

16~18人套餐

如意好景，多用于寓意美好的事物。这桌宴席可以在喜事临门之时派上用场，适合作婚宴、迎宾宴之用，恰到好处的菜式搭配，准备起来也相对简单。

大厨建议开席顺序

如意好景宴席图示（一）

❶前菜
卤水拼盘

❷前菜
糖醋樱桃萝卜

❸主菜
酱爆鸡丁

❹主菜
黄花菜木耳烧鲤鱼

如意好景宴席图示（二）

 ⑤主菜
菠萝蜜炒牛肉

 ⑥主菜
醋熘土豆丝

 ⑦汤品
玉竹苦瓜排骨汤

 ⑧主食
蛤蜊炒饭

 ⑨主菜
酱烧猪蹄

 ⑩主菜
百合虾米炒蚕豆

如意好景宴席图示（三）

 ⑪主菜
葱爆海参

 ⑫主菜
荷兰豆炒豆芽

 ⑬汤品
黄花菜炖乳鸽

 ⑭主食
萝卜缨菜团子

 ⑮主菜
芝麻带鱼

 ⑯主菜
香菇扒生菜

如意好景宴席图示（四）

⑰主菜
洋葱西蓝花炒牛柳

⑱主菜
果汁生鱼卷

⑲汤品
南瓜薏米百合糖水

⑳主食
樱桃果冻